# 整理，重新定义生活

## 让人生精进的极简整理收纳课

B&A整理社社长 舒安 / 著

中国出版集团 现代出版社

图书在版编目（CIP）数据

整理，重新定义生活 / 舒安著. -- 北京 : 现代出版社, 2019.7

ISBN 978-7-5143-8009-5

Ⅰ. ①整… Ⅱ. ①舒… Ⅲ. ①家庭生活－基本知识 Ⅳ. ①TS976.3

中国版本图书馆CIP数据核字（2019）第141832号

著　　者　舒　安
责任编辑　窦艳秋
出版发行　现代出版社
地　　址　北京市安定门外安华里504号
邮政编码　100011
电　　话　010-64267325 64245264（传真）
网　　址　www.1980xd.com
电子邮箱　xiandai@cnpitc.com.cn
印　　刷　三河市祥达印刷包装有限公司
开　　本　880mm × 1230mm　1/32
印　　张　9.5
字　　数　188千字
版次印次　2020年1月第1版　2020年1月第1次印刷
标准书号　ISBN 978-7-5143-8009-5
定　　价　45.00元

版权所有，翻印必究；未经许可，不得转载

# 自序

## 中国已经进入好好住时代！

我们是“80后”的一代，跟随着中国经济的变迁，小时候和现在的生活相比，完全一个天，一个地。

那时候，中国刚刚改革开放，大众对“小资”不再禁忌，穿着鲜艳和个性成为思想解放的标志。人们开始告别千篇一律的款式和蓝、灰、白的单一色调，街头出现了红白相间的连衣裙，就像顾城诗里所说的，“从一片死灰中走来……一个鲜红，一个淡绿”，强烈的对比，甚是好看。

后来，人们开始讲究穿搭，对穿什么、怎么穿、好好穿有了研究，也变成日常。还形成了一个专门的学科，名字是“形象设计”“形象管理”。

在我还不懂什么叫卡路里、热量的时候，看到过一篇文章，说肥胖已经成了研究青少年健康成长最重要的课题。我的童年，虽不至于有温饱问题，但“荤”依旧是餐桌上的大事，过年之所以是过年，也是因为年夜饭集中出现的美味。

如今，关于怎么吃、如何吃、四季该吃什么、不同体质人的菜单、食物应该怎么烹制才能最大限度保持营养等，每个人都能说出自己一大串看法。而且在吃的领域，专门的学科日益兴盛，叫营养学。

这些看似与整理无关的事情，其实与我们今天对整理有如此迫切的需求息息相关。

我两三年前开始关注整理，突然发现，一夜之间人们开始热衷在网上晒自己的家，热烈讨论物品该如何取舍，抹布该如何收拾，家居清洁用品哪个牌子好，连垃圾桶怎么摆放才能更便捷美观都有专门的心得……你不会比这个时代窥见更多的家庭内部居住情形。

关于家，这个在中国观念当中从来退居幕后的重要场所，被前所未有地摆在台面上，认真分享、讨论、研究。时至今日，关于家、关于居住空间如何住、怎么住、好好住的研究，都被囊括在“整理收纳”里。

但是，形象设计不是单纯叫你买哪个牌子的衣服穿，而是寻找最适合、最符合你身材、气质，能突出你优势的穿搭；营养学也不是简单粗暴地告诉你哪种营养高大家一股脑儿吃吧，而是针对个体讲究膳食合理搭配、营养均衡。

那么“整理收纳”呢？首先，它不是家政，就像你不会把形象设计等同于开服装店卖衣服；也绝不仅仅止于物品的收纳和摆放，甚至物品的收纳、摆放、清扫都不过是整理收纳最表面的环节。

越来越多的人对“整理收纳”达成共识，它最终的指向是居住方式和生活方式的重新定义。如何打造舒适、舒服、安心、具有正能量场的空间，让居住其中的人能感受到空间所带来的幸福感和归属感，并且这种幸福感和归属感是持续稳定的，这才是“整理收纳”的最终目的。

整理收纳的流行，在我看来，意味着中国继“好好穿”“好好吃”之后，开始进入“好好住”时代！日子是自己的，当下的时间最重要，不管有房无房，不管有钱没钱，都要告别“住得太糙、随意和将就”，尽自己最大努力，用不那么复杂的方法和技巧，住得好，住得美，住得有尊严。

“整理收纳”与个体对新生活方式的探索和重新定义息息相关。无论是“好好穿”“好好吃”还是“好好住”，细思起来，发现它们都有一个共同之处——对简单的回归。

衣服早已超过这辈子能穿坏的数量；餐盘上最盼望的已经不再是大鱼大肉，而是田地里最平常的五谷杂粮、绿色食品；对购物节的热衷逐年下降，家里最需要的早已不是不断地添置，而是如何在有限的空间里，只留下必需、适量、重要的物品，打造有序高效美好的居住空间，过足够适量的简单生活。

好好穿，是衣服少，但穿得好；好好吃，是吃得少，但吃得好；好好住，不是追求更大的空间、塞满更多的物品，而是拥有适量、必需、重要的物品，达到物品、空间、人的平衡和谐。

不是越多越好，而是足够适量就好。简单，需要对自我有清晰认识的能力，更是一种保持自我的力量。

无论文明发展到何种程度，无论外界多么风光浮华，对个体而言，“家”才是人类最小的组成单位，唯有在“家”里，一个人才能最放松，做最真实的自己，展现自己最本真的面目。

而“好好住”（这里是动词），才能为我们一切的外在形象打下最根本的基础——舒适舒服自在幸福的居住空间，才是我们自信和尊严的源泉。

## 关于本书

这本书的写作思路主要就是把我近几年的自我整理过程和整理学习与思考分享出来。用整理的途径实现好好住，最基本的要从整理物品入手。

本书内容主要以如何完成整理物品为主，不会有太多的收纳技巧、收纳工具推荐。最终的整理效果，也取决于你的行动与坚持。

佛经说，弱水三千，只取一瓢。这个世界有太多漂亮美好的物品我们看了都想拥有，但如果不加取舍，那些漂亮美好的物品早晚会变得狰狞，一点点淹没吞噬你。

与其什么都想拥有而不可得，不如找到属于自己身外物的足够适量点，留下适量、必需、重要的物品，在有限的空间里实现好好住；有时间有余力去做重要的事，和重要的人持续稳定幸福地度过充实的一生。

# 目录

CONTENTS

## 第二章
## 开始整理前：把握全局，把整理当作一个项目 027

第三章

整理适量点：流通，减负、减肥、减重 097

第一章

# 打开整理的大门

## 第一节 整理的觉醒

### 关注整理背后的人

很多和整理相关的综艺视频，整理者在整理过程中会掉眼泪，甚至号啕大哭，不过是整理物品而已，他们为什么会哭？

2017年，我开始开线上整理训练营时，几乎每期都会把这个话题拿出来和学员讨论。有人说是因为愧疚，有人说是觉得自己太糟糕，有人说是因为想起了往事，也有人说是承受不住崩溃了。

那些整理者为什么哭，只有他们自己知道；但是你觉得他们为什么而哭，却折射出你的某些境遇。

比如，我在整理时其实正处于工作、生活和人生陷入困境与低谷的时期，出现情绪低落失控时，总有一种想要彻底告别过去、重新开始的决绝。

那个时候，看那些情绪失控的整理者，我看到的更多是不顺、冰冷和孤独。说是因为愧疚的，也许是因为自己浪费和不惜物而愧疚；说是觉得自己太糟糕的，似乎对自己的评价也不会太高。

在整理中，要做的第一件事就是多关注自己的情绪变化、内心起伏、观念瓦解与重建。因为整理哭泣或触动你的，也许不是整理本身，而是整理背后的东西。

到底是什么物品、原因、心理触发了你的泪点，记下来，面对，不断追问，直到解决。

## 弄清楚物品的本质

物品的本质是什么？

这个问题整理之前我从来没想过。或者说，我觉得这根本就不是一个需要思考的问题。可能我会思考生命、思考人生、思考生活；思考人与人、人与社会、人与大自然等，因为这些都是有生命的。

但物品在我眼里，是没有生命的。它们没有情感，不会思考，也不会有跳动的心。大部分物品只不过是现代工业流水线生产出来的复制品。

所以，第一次看到近藤麻理惠整理前跪在地上和房子打招呼，流通物品时和物品好好道谢道别，甚至在流通娃娃时如果于心不忍，还要遮住娃娃的眼睛，我是震惊的，觉得不可思议。

一直自诩无神论的我，完全被冲击了，彻底改变了物我观：无神论可以不相信有妖魔鬼怪，但并不妨碍把世间万物都当作有生命的个体，从而敬畏和尊重它们。

尊重万物，不管对方是不是有生命，也不管在你看来对方是不是能接收到。在这个尊重的仪式感里，受益和心安的是你自己。

**尊重，也不单是尊重你面对的那个物品，同时也要尊重这个物品背后的制作者。**

我在日本学习整理时，当时老师讲到的一点是：使用者要去了解制作者的心意。制作者的心意是什么？有一点可能是希望制作出好的物件；当这个物件来到你身边，能给你带来一定的便利和帮助，也能够被好好尊重。

对物品而言，终极的尊重是什么？当然是使用，只有使用才能体现价值。制作精良的物件，甚至越使用越能激发它们内在的美丽。一旦不再需要，也不再使用，别漠视，也别因为所谓的不舍和惜物，就让它们年深日久地闲置在角落里，变质变形，积灰腐化。

物品的本质或者说被制作出来的使命就是为人服务，一旦不能继续服务或你已不再需要和使用它，对它好好感谢，找一种适宜的方式，流通出去。

这是我们能够和物品长久相处的一个方式。看清物品的本质，在入手时就会自觉考虑使用的场合，慎重选择；好好使用和对待，一旦长久不用或不再需要了，也别耗着它，让它流动起来，继续发挥余热。

仔细想想，这不也是我们能够和一切外在相处长久的方式吗?

## 空间具有能量

有一部日本电影叫《厕所女神》，讲的是主人公小时候和外婆住在一起，外婆教会她的第一件事是每天清洗厕所。

但是她觉得清洗厕所这个活儿又脏又臭又累，非常不乐意。外婆告诉她，干净的厕所是精致生活的基本。一个人如果能够每天保持厕所干净，就会有厕所女神保佑，带来好运。

看完这部电影，我马上跑去把自家马桶里里外外刷了。刷完，顺手再把淋浴区的地板水垢刷洗了。然后是洗手盆、镜柜。最后连护肤化妆品、牙膏等的瓶口也一并擦洗了。

整个卫生间，怎么说呢，似乎没有之前的灰蒙蒙，变得亮堂了。而我的心情也跟着亮堂起来，很雀跃，又想手舞足蹈。

能量这种东西看不见，但是那一刻，我的确感受到了它的存在，并且给予我清爽亮堂的感觉及愉悦的心情。

经常有学员说，家里整理干净整齐了，家庭关系也变好了，家人更愿意待在家里。他们会把整理带到公司，整理好自己的工位、电脑桌面，看着清爽的办公桌，心情好了，找东西也不用手忙脚乱，给同事、上司的印象也会更好。

印象最深刻的是一位学员的分享。2017年年初开始整理家，流通大量不再适用的物品，然后很偶然地怀孕了。在这之前，做过很多努力都没怀上，整理后却自然而然地有了。她说，不知道是不是整理帮的忙，但估计宝宝也喜欢一个干净整洁的家。

让我非常佩服的是，这位妈妈即使坐月子，也会坚持整理和打卡分享；随着宝宝的成长，很多用不上的物件及不再适合她穿的衣服等，都会及时流通出去。

她的房间，一应物品整齐有序，温馨沉静。夏天的时候，看她分享家里的客厅，隔着屏幕都会有一种天然降温、舒适自在的气息。在这样的空间里，哪怕应对新成员带来的各种手忙脚乱，也不会有那么多焦躁和冲突吧！

不管我们信不信，空间的确具有能量，是正能量还是负能量，取决于空间的状态，还有背后的人。每个人都要学着慎重对待自己所处的空间。干净、有序、整洁、充满着美好味道的空间，不仅让人心情愉悦，也能给我们的形象加分，有时候也会给我们带来意想不到的好运。

充满正能量的空间，正如中国老话所言，就是一块“风水宝地”。只不过这块“风水宝地”，不需要你精通地理知识，跋山涉水，只是把马桶刷洗干净，衣物晾晒折叠整齐，拂去积灰的阴霾，打开窗户迎接新鲜空气和明媚阳光，足矣。

## 整理、收纳、打扫的区别

整理着重在梳理，最简单的就是梳理物品，类别、数量；如果是一家人的物品，还要先按个人和公用来区分。

收纳就是给你梳理清楚的物品安家的过程。只有在梳理清楚的基础上给物品安家，整个收纳系统才会更清晰。

而打扫的对象首先是灰尘污垢，让空间保持干净整洁也是日常要务。

整理不需要每天进行，定期三个月、半年、一年就可以。如果真正完成彻底整理，并在后期始终保持物品适量、空间不复乱的状态，那就不再需要整理了。

物品使用完，最理想的状态是马上物归原处，如果没有归位，物品就又会到处散乱，三五七天内最好也安排时间好好收拾下，这是收纳所要做的，调整和维护家中物品的有序整齐、使用方便。

用过的锅具碗盘、穿过的衣服、灰尘、垃圾、掉落的头发等每天都会产生，所以打扫是每天都要做的。厨房里的油烟，卫生间里的水渍，最好及时擦拭清理，省力省时。

这三者有一个共同点，都要以人为本。

以人的需求为中心，整理完留下适量必需重要的物品；按照人的身高年龄特点和起居日常习惯，打造更适合使用者的收纳系统；要保持人的身体健康和心情愉悦，每天清扫、时常拂拭必不可少。

## 整洁、整齐能提高你的自尊水平

不知道你有没有这样的体验，去做客，因为怕脱鞋有异味心里产生了巨大的负担，似乎整个人的形象都会因为这个异味而萎缩。给人留下不好的外在印象会降低你的自尊自信。

我曾有一个学生，女孩儿，小学四年级，面庞真的非常清秀，鹅蛋脸，白里透红。但头发总是油腻腻的，靠近时还能闻到一股汗馊味。

她有几个要好的女生，天天在一起玩，几个人写作业、背诵都非常积极，非常省心。

有一天她和另外几个女生吵得不可开交，一问原因，其中一个女生心直口快，喊着："老师，她身上太臭了！"

本来脸涨得通红的她，一下哇地哭了出来。后来才知道是家庭原因，父母没空管理，自然卫生清洁方面也顾不上了。

从这以后，她和其他几个同学渐渐疏远，作业潦草，随便应付，一句话好几遍都能背错。

虽然童言无忌，但即使是大人，有时对那些穿着邋遢、房间脏乱差的人，也难免会有说辞。对于邋遢者本人，自尊水平下降，对自己的要求和期待也会大大降低。

换句话说，干净、整洁、整齐能提高你的自尊水平，提高自我要求。这个干净、整洁、整齐包括你的外在、居所、工作环境、书面报告及其他。

而外在尤为重要。如同杨澜所说，没有人有义务必须透过连你自己都毫不在意的邋遢外表去发现你优秀的内在。良好的形象是你的软实力。

每个人都会以衣冠取人，包括你。年纪大了以后，几乎大部分男生都不会再留长发；更多的职业女性为了显得干练，选择短发，服装色系也倾向于黑白灰。

要很贵的外在吗？未必。清爽的发型，干净的笑容，T恤衬衫牛仔裤运动鞋，给人的感觉照样很棒！

那些外在干净整洁的人，他们的报告页面也不会差到哪里去。字更整齐，卷面更整洁，所有的书册或者练习本不会卷边褶皱或涂抹得面目全非的学生，他们有可能更积极主动地思考学习。

对自己的身外物随时整理流通，好好收纳，让它们为你的形象和效率加分加油；做好卫生清洁，随时保持清爽、干净、整洁、整齐，就能提升你的自尊水平，进而提高你的自信和能力。

## 对消费的清醒认知

你会因为什么消费购买一件物品？因为真正需要？还是因为打折促销、购物狂欢节，抑或只是为了在购买的一瞬间取悦自己？或者只是周遭都在追捧而你觉得别人有你也要有而已？

到了香港、出了国才发现，中国人的购买力惊人。套用当下的话叫，购买大军一过，货架清空，更不用说每年大大小小的购物狂欢节。

一个人真的需要那么多物品吗？

消费主义盛行的当下，有时真难分辨自己到底是需要，还是被迫需要？层出不穷的产品，被各种新词、概念包装，辅以几千字的软文，拨动你的心弦，丝丝入扣，荷包埋单。

那么问题来了，当消费逐渐超过你的购买力时，你会透支消费吗？

有一部美国电影《搏击俱乐部》，讲的是一个普通销售员，遭遇连续失眠，精神分裂。那个分裂后的他，组织了一个地下搏击俱乐部。越来越多的人加入搏击俱乐部，他要带领这帮人炸掉银行系统，让所有信用卡清零。

在失眠的夜晚，他翻看购物杂志，购买各种家具、物品，直到堆满房间。我猜，他的信用卡早已刷爆，压力巨大。那些要和他一起炸掉大厦破坏银行系统让信用卡清零的俱乐部成员们，一定也不是为了好玩。

但是清零就好了吗？

只要消费主义的狂轰滥炸还在，而你又不知道自己真正需要什么，无法主动选择，学会拒绝和抵御无休止的欲望，历史一定还会重来。从利益最大化来讲，消费的本质是在我们力所能及的范围内，购买少而精美的物品，提升我们的外在、内在及生活品质。

购买时我们应该足够清醒为了什么购买，学会克制。

## 你会选择透支吗？

有一次刮台风、降雨，交通等都受到非常大的影响，常去的超市，蔬菜区直接被清空。那阵子去买菜，很多青菜、水果价格已经上涨，9月将至，也让很多非当季生鲜价格上涨。

台风和季节转换，带来的直接结果是吃饭的花销上去了。

之前花了近一年时间记录每个月买菜和外出吃饭花销费用，得出平均每个月的花费。最开始把这个数额作为下一年花销预算的标准，但其实只能作为参考。

不考虑个人健康需要的变化，单是外界因素的影响，买和去年一模一样的清单上的食物，今年的费用已经涨了很多。这个外界因素又绝不只有台风和季节转换。

经过之前几个月的记录和调整，我的菜单和分量已经基本固定。现在买来的食材几乎都能吃完，减少浪费所能节约出来的费用几乎为零，增加预算估计无可避免。

所以其实无论怎么调整，如果外界影响一直在，想保持和现在一样的水平，都必须增加费用。但受影响或上涨的物价，绝不只有超市里的菜。

记得很多年前，或者从拿到第一笔工资开始，总会阶段性地问自己一个问题：钱到底花哪里去了？

把花销摊开来，即使一笔一笔明明白白，还是困惑。因为回答“钱到底去哪里了”，并不是记录一笔又一笔的流水账，而是要回答：钱都花在哪里，花得好不好，对不对，值不值，符不符合现状?

这个问题看似只是回答每个月收入花销的小问题，但其实是一个涉及你对自己是否足够清楚清晰、外在环境稳定与否的宏观问题。

从整理自己的物品入手，逐步理清当下生活所需，这是第一步；慢慢改变消费习惯，购物时清楚明白并能充分节制，保持足够适量的生活状态，减少闲置、浪费，这是第二步。

以前，对外界变化比较迟钝，甚至视而不见。整理物品提高了我对日常的观察能力。有了这种观察，你会自然而然地开始关注菜价、肉价。物价上涨、通货膨胀、市场调控等离我们似乎很遥远的经济名词，也开始变得日常、具体，与我们的生活息息相关。

每次一预报台风，我就猜买菜的费用要增加了。买菜时一看菜价我马上就知道今天买菜账单肯定比之前多。果不其然，结账时比往常多花了些。

所以回答“钱到底去哪里了”的第三步，是观察外界的变化。台风来袭，你的一部分钱就蒸发了。更不用说通货膨胀、市场变化了。

明白这三步以后，紧随而来的是一个终极问题：你的收入跟上物价上涨、自我生活水平提高了吗？能够抵抗生活中不可预知的变化吗？

如果不能，你会选择透支吗？

即使收入一直在增加，但如果跟不上物价上涨，买不了更大的房子，满足不了你的物欲，换不来更多时间打理琐碎、抵抗不了健康问题和未知因素带来的风险，透支就会不知不觉变成你的首选。

为了刺激消费，每个人可以透支的额度已经越来越高。而你，是不是在提前预支你未来的购买力？不断透支、美其名曰提前享受的大部分人，其实已经债台高筑，不堪重负而不自知，甚至经不起一场台风或换季的变化。

台风和换季就像亚马孙的蝴蝶，很多人并非经不起这只蝴蝶扇一下翅膀，只是在不自知的花销和不知不觉的大量物品闲置浪费里失去了平衡生活的能力。

整理，或者说整理带来的消费观和消费习惯的改变对很多人来说实际上就是一个非常现实的经济需要，保持适量物品、留出足够生活空间、改变生活方式（保持健康）、调整消费习惯等迫在眉睫。

## 第二节　物品从无限到有限：一个人到底需要多少物品就足够适量？

### 打开整理大门后，我发现了有趣的数字

最开始接触整理的一个月，是疯狂的一个月。

收集了所有我能收集到的关于整理的新闻、影视、人物、书籍、公众号，一个个看、听、学。经过一段时间的了解和学习，我发现了一个非常有趣的共同点，无论整理大师还是各种不同生活方式倡议者，都提到了关于物品的数量。

第欧根尼只需要一个木桶。

美国有一个极简主义哲学家仅有15件私人用品。

另外一个美国极简主义者乔舒亚最后保留了238件物品。

芬兰纪录片《我的物品》，讲述的是一位失恋小哥给自己做的一个实验。他把自己家里的所有家具、物品全部寄存在一个仓库里，每天只能拿出自己需要的一件物品，为期一年。

纪录片最后得出的数据结果是：只需要100件物品你就可以满足生活所需，再有100件物品就可以生活得很好了。

在日本整理学习的课堂上，老师分享了一个数据。根据实际调查，一个普通三口之家需要3000件左右的物品就可以生活得非常舒适，足够适量。虽然这个数据是几年前的，但也可以给我们提供参考。

近藤麻理惠在她的书《怦然心动的人生整理魔法》里写道，自己每次上门给客户整理，都会记录这个家里单个物品类别的数量，而她所记录的单个物品类别的数量，也常常被后来的客户打破。我印象最深的是，从一位客户家里清点出了一万支棉签。

之所以会特别留意关于整理及由此延伸出来的各种生活方式里的数字，是因为我认为，整理中所涉及的三大对象：人、空间和物品，**在一定时长内，家庭成员的人数、空间的大小是不变的，而物品才是这三者中的变量。**

无论是长期用品还是短期用品，数量每天都在变。因此，想要真正彻底地实现家居不复乱，人的生活方式、消费模式等从而发生改变，首先需要做的就是，找到自己真正需要的物品数量。无须精确，但哪怕能确定到一个区间，也可以让这个数量变得可控。

因此在整理中，一个人、一个家庭真正需要多少物品就足够，确定你所需物品清单的80%甚至90%就是真正需要解决的课题。

但是决定物品量的变化，根源又在于人。那么解决这个课题的方法论和终极目标就是：通过记录一定时长内人所使用物品的清单与频率，制作一份你的物品清单，找寻你身外物的数量区间，也就是你身外物的足够适量点。

这个时长，至少应该是一年。

## 身外物的足够适量点

所谓身外物的足够适量点，就是指在一定时长内，你拥有多少件身外物就够了。但这个量的具体数字是多少，因人而异。即使后期因为生活变化物品仍然有进有出，具体数字会变动，但整个数量的区间是稳定的。

找到这个点之前，可以先思考几个问题。你现在拥有多少件物品？你觉得自己真正需要多少件物品就可以达到足够适量？或者给你一个场景，从旅行出发，只能带一个行李包，这时候让你列一个最低需求物品清单，你觉得带哪些和多少量就足够了？如果要给自己列一份最小搬家清单，你的清单上会有什么？

对这些特殊场景物品需求的思考再进而延伸至日常，会更容易。

比如，对于搬家无数的我来说，我的最小搬家清单是什么？这个问题没有标准答案，随时会随着境遇改变，我喜欢用结果导向来思考，也叫设限法。

如果只能带一样，我的答案是：

手机

因为手机集成了我所有的联系方式、钱财管理、身份信息，这些都是安身立命之本。

如果可以带两样，我的答案是：

手机

笔记本电脑

如果可以带三样，我的答案是：

手机

笔记本电脑

代步工具

以此类推。这个搬家的最小清单，限定在人工一次能全部搬走的范围。但是，行李箱限定多大呢？在日剧《我的家里空无一物》中，这个行李箱的尺寸仅仅是一个大号双肩包。要是你觉得太难，那就一个大号双肩包，外加一个24寸拉杆登机箱。再多，就没意思了。

限制越多，越需要思考、筛选最重要的物品。这是我第一次从列足够适量物品清单中体会到的愉悦，我也因为发现真正所需的并没有想象的那么多而感到轻松。

但对日常生活这个大场景而言，身外物的足够适量点又该是多少呢？

## 完成彻底整理，最终留下不到1%的身外物

在寻找自己的身外物足够适量点之前，我大概花了半年时间（中间因为地理位置关系有间隔）完成自己所有身外物的整理。这些身外物，包括实物，也包括虚拟资料；有现居住地的物品，也有老家自己的所有个人物品。

单单整理所有的电子资料，就花了两个多月。当时因为赋闲，有全天的整理时间。从早到晚盯着电脑看，除了偶尔的导出、复制，大部分时间都在重复“删”这个动作。

整理老家的衣服时，两米的大床全部堆满，从初中、高中到大学毕业工作后的衣服都有。衣服的状态其实还很好，因为每年换季，妈妈都会拿到院子里晾晒，被晒得松松软软的充满阳光的味道，再收纳起来。

现在想来，加上家里的被褥及其他，这家务量得多大。关键是，之前没认识到这有什么不对的我，第一次审视着这个循环的矛盾点——即使再如何精心收纳，这些衣服也不会再穿了。

以前每换一个地方就会把搬不动的物品打包寄回家。妈妈也不会拆开，原封不动地堆放在杂物间里。

给家里打电话的时候，妈妈偶尔会提起那些打包回家的物

品，说发霉了，问我怎么处理。我早已忘了里边装的是什么，只是说先放着，过年再看。过年时哪里又还记得？

一年年过去了，再想起时那些东西因为潮湿和长时间的堆放，已经腐化变形变质，连收废品的都摇头。

带不动的物品无论如何也能价值几何，舍不得，打包回家，我以为还会用得到，只是暂且别离，等我落了脚再拿来用。

之前也没认识到这有什么不对的我，又发现了这个循环往复的矛盾点——因为不舍，物品被我不断腾挪。我拥有它们的唯一方式就是不断地物理腾挪，但不会真正再用了。

早在打包之际，它们已经从我的生活中下架了。

最终完成彻底整理后，我留下不到1%的身外物。

## 找到我身外物的足够适量点

完成彻底整理、最后只留下不到1%的身外物时，我有两种感觉，一个是前所未有的轻盈，还有一个就是空。

彻底整理完，然后呢？

前期的彻底说白了，就是不断地或者最大限度地流通。但只要没有实质性的改变，新的物品会继续增加，信息会不断涌入，假以时日那1%又会变成100%，甚至百分之好几百。

这个时候我发现了自己生活中又一个循环往复的矛盾点——不断从零开始，不断加加加，直到蔓延溢出，直到堆积如山，直到又掌控不住，什么都一团糟。

我想跳出这个怪圈，我想知道物品到底是怎么多起来的，我想知道自己到底需要多少物品。这时候，整理中所发现的那些关于物品的数字开始启发了我。

于是从2017年开始，我刻意克制购物，记录使用物品目录，记录物品使用周期，记录日常习惯，记录钱财花销。

那时候恰巧搬进新家，物品太少，整个房子几乎都是空的。根据自己需要，只买必需品。每一件来到身边的物品，都必须是会用到的，而且大部分是高频使用。

购物克制和记录持续了一年多。这期间物品有新增，有流通，有替换，但最终这份物品清单趋于稳定。

所谓稳定，并非所有单个物品确定不变，而是总量区间和物品类别渐渐固定下来。

通过一年多的实验、记录、优化、调整，我发现，仅需100件左右的物品（包括衣物/洗护/日用品/厨房用品/电子产品/安身立命之物/重要纪念品等物件）就完全可以满足我的生活所需。

后续再增加的物品，都是锦上添花。

保持100这个数字实际上需要非常克制，而我的目的也并非过着极简生活，所以2017年年底开始丰富我的物品清单。

我把这份清单做成思维导图，包括房子柜子等大件在内的总数量区间是400~500件；最近重新统计了下，因为消耗品量骤减，这个数字又降了。除掉大件和消耗品，我所需的物品总量不过区区一两百件。

我的物品清单

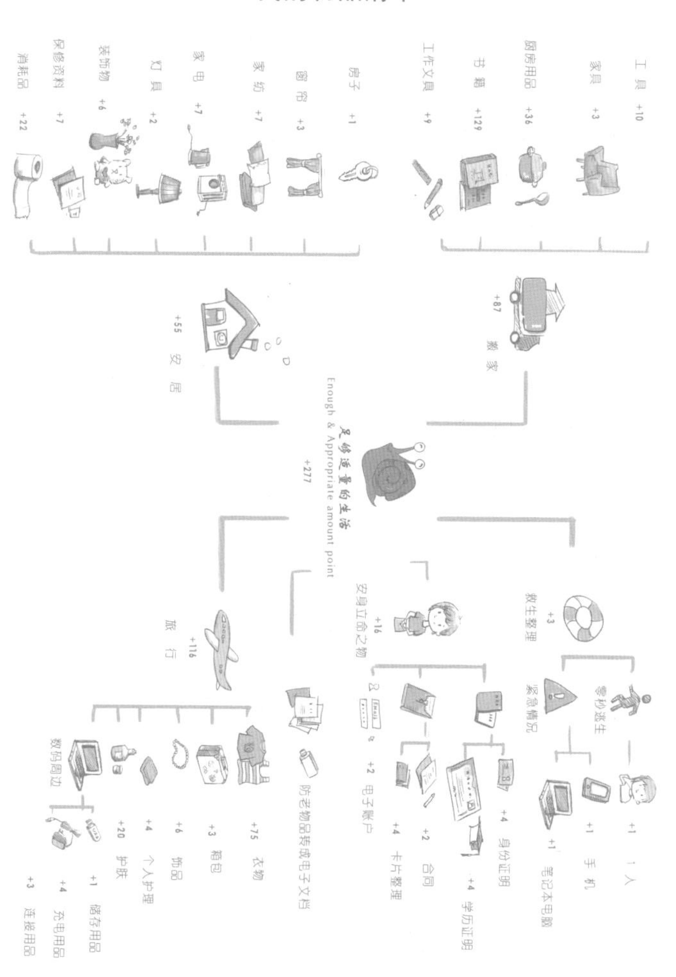

占据这份物品清单半壁江山的居然都是消耗品，这也是为什么总有那么多闲置堆积不用的物品存在了。日常本身就是一个每时每刻都在消耗的过程，我们需求最大的自然也是消耗品。

这一次，我才真正知道自己所需物品的量，而对自己真正适量、必需、重要的物品又有哪些，我也能回答得出来。

我的整理大概持续了两三年。把物品梳理清楚，这是第一步；去找到自己真正所需身外物的足够适量点，是第二步。

## 你的物品，你能掌控吗？

在《权利的游戏》里，看着娇小的龙母骑在体型庞大的龙背上，一边灵活翻翔、一边精准喷火，只有一个感受：

这该拥有多么超强的驾驭能力！

大部分人通过学习马术，可以驾驭比人体型大一点的马；少部分人可能一辈子都学不会这种驾驭能力，勉强为之估计会有“摔死”的下场；而唯有一两个人可以驯服和驾驭龙，在这种生物面前，人的体型几乎可以忽略不计。

人与人的区别，对某方面的驾驭能力大概也算一种。

这种驾驭能力比例很符合经济学中的椭圆形（橄榄形）理论，大意是，一个事物的两端永远只是少数，而大部分处于中间。

人对物品量的驾驭能力的区间比例，其实也是如此。

大部分人拥有比自己最低需求物品量的两三倍会感到非常舒适；少部分人仅愿意保留最低物品需求量，最大限度地解放物品对自我时空与精力的占用。

只有少部分人能掌控住自己拥有的海量物品，愿意付出时间、空间、精力、脑力管理它们，或者付出足够的金钱间接管理，让它们井井有条，最大的乐趣是徜徉在物品的海洋里，乐此不疲。

如果你只有驾驭马的能力，却拥有龙一般多的物品，失去对它们的掌控力是迟早的事。

即使那些占比极少能掌控住海量物品的人，一旦某个瞬间突然出现崩塌，生活的一切就会像多米诺骨牌一样倾倒。

你的物品，你真的能掌控住吗？如果不能，为什么不花点时间，在琳琅满目的物海里，找到你真正需要的那些物品？

## 足够适量生活的美好与底气

整理的目的绝不仅仅只是执着于精确身外物的数量，而是在找寻的过程中，从物品无限到有限的清醒中，学会甄选少、精、美、好的物品，足够适量，精致有品。

使用那些少、精、美、好的物品，的确能给你底气，让你也开始有美和好的样子与气质。在整理中，即使不是美和好，哪怕只是使家里变得干净整洁，你邀请客人的底气都会倍增。

人都有一种想要变得更好的天性，干净整洁哪里够。衣服叠好了，想要穿得更美；厨房干净了，想要更好用更称心的厨具；客厅宽敞亮堂了，就想来束花、种点绿植。

整理是创造一个自带吸引美好事物磁场的过程，整理也是一个会让你满心欢喜的过程。不是物品，不是空间，更不是他人，而是你自己。

更好，更美，满心欢喜。就如里尔克的诗句所言的意境：我喜欢整理，不仅因为整理给我带来的干净舒适、清晰清楚，还因为，我喜欢整理后——我的样子。

但整理带来的改变，又何止给你带来样子的改变与底气的增加？

我从整理学到的第一件事，既不是哪种整理方法快速高效，也不是哪个收纳工具方便好用，而是："整理好你自己是一切的基础，也是一切的答案。"

选择本身就是一种能力。无论物品还是其他，不同的选择将有着不一样的生活，当然也会有不一样的自己。所以，**我从整理身外物入手，主动选择物品，进而改变自己的行为方式、思维模式**，期望在30+的年纪里，重新塑造一个内核不一样的自己。

整理，不只是物品。

我期望通过整理不断地自我学习，不断改变，不断成长，成为更好的自己。我期望通过整理不断认识自己，不断认清重要的东西，不断找寻自己想要什么；把自己从混乱、忙碌、透支、所为不知为何的泥潭中拔出来，重新栽培在一个适宜自己的土壤里，小心呵护，按照自己的节奏茁壮成长。

这是我一辈子的事。而这一切自我觉察与进步，都只不过从梳理身外物、确定身外物的足够适量点入手。

第二章

# 开始整理前：
# 把握全局，把整理当作一个项目

## 第一节　建立整理框架

我最经常听到的一句话是，想要开始整理，但物品太多、家里太乱，没有头绪、无从下手。这其中最大的原因可能是你没有真正彻底盘点过你需要整理的所有物品。

把整理比作一个非常庞大的项目一点也不为过。动手整理之前，首先要做的是盘点、梳理、了解你所需要整理的对象，把握全局、建立框架，其次才是计划、时间安排，进而施行，逐步推进，完成。

**如何建立起整个整理框架？我把它概括为“三大关系，一个矛盾，一个中心，四个步骤”。**

### 三大关系：人、空间、物品

整理最重要的事情是处理好三大关系，也就是人、空间和物品这三者的关系。

每个空间的收纳容量是有限的，每个人所能承受的物品的量也是有限的，保留适量、必需、重要的物品才能让空间更清爽，居住者更放松舒适。

因为收纳容量有限，因此在整理中，为了实现空间利用最大化，不应只是随意地把物品塞进有空位的地方。空间最需要做的是规划——按人、按物品类别、按人的起居等分区收纳，打造适合居住者使用习惯的收纳系统；配合使用收纳工具，减少不合理收纳空间的浪费，避免物品堆积堆叠，让每一个物品都有自己的固定位置，寻找和取放物品更方便。

预先有规划，合理使用收纳工具，整个空间才能更有序、高效、美好。适当、必需的收纳工具，是最值得投资的家居用品。

在空间打造过程中，这两步落地性非常强，最考验行动力，但也最容易实现你想要的收纳状态。

物品适量了，我们才能更重视自己所拥有的物品，更合理地使用它们，让它们为主人服务。

把空间打造成我们想要的理想家居，在其中过上舒适自在的生活，有更多美好的居住体验，这是我们幸福生活的基石。

**所拥有的物品和居住的理想空间，是我们实现自己想要的生活方式的重要载体。**一个人能不能活得舒适自在幸福，很重要的一点是能不能以自己最舒服的姿态在这个世界上生活着。找到最适合自己的生活方式，其实就是找到了自己最自在的姿态；在这样的姿态里，持续稳定幸福地度过一生。

每个人都可以从物品整理入手，梳理我们的生活，发现真实的自我和情感，真正的兴趣爱好，认识自己的生活观价值观世界观等，把自己的真正追求，通过整理挖掘出来，实现自我。

整理，不只是物品，而是通过物品去折射我们的思想，我们的选择，以及我们的喜好，最终在整理与思考、梳理与抉择的过程中，找到真正的自己，选择自己真正喜欢的生活方式，去过我们觉得最想过的生活。所有整理，最终要回归到人本身。

人、空间、物品这三者最理想的关系是达到和谐状态。怎样才算是和谐的状态？没有确切的定义，所谓和谐状态对每个人而言都是具体的。所以在三者关系中，重点是思考并选择你想要的生活方式。

只要是适合你的生活方式，你的“人、空间、物品”就是和谐的状态。

## 一个矛盾：不变量与变量

整理所涉及的矛盾，归根结底是不变量与变量之间的矛盾。在特定的阶段内，时间、空间、精力、金钱等是不变的或有限的，但在现代生活里，物品、事务、信息却与日俱增、无孔不入。

进入城市生活后，房价居高不下，小户型也早已变成主流。居住的空间越来越小，而我们拥有的物品却比过去翻了好几倍。时间从古至今都是不变的，每个人每天都只有24小时，不会多也不会少。与此同时，我们每天要打理的物品、解决的事情、处理的信息却与日俱增。

拥有那么多物品，原本用来居住的空间却变成了物品的无序堆积场所。要处理的事情那么多，时间被挤压了。

时间亘古不变、空间越来越小和我们每天要处理的事物及信息越来越多、拥有越来越多的物品，这四者之间产生了激烈的、几乎不可调和的矛盾。

越来越多的人很忙碌也很努力奋斗，身边堆积的物品比以前好了几倍，但还是没以前快乐。生活看似比以前丰满，但或许已经失去了平衡。

要想找回生活的平衡，唯有缓和这个矛盾，通过整理，让我们的时间更加从容，空间更加充裕。

记住这个目标，在整理的过程中不断朝这个目标前进，无限靠近。

## 一个中心：当下的人

在整理的过程中，居住者需要不断思考想拥有怎样的理想空间，想以什么样的生活方式生活。

当你想清楚了想拥有怎样的理想空间、想以什么样的生活方式生活，剩下的事情就是围绕着你的思考和设想去选择物品，一步步打造你想拥有的理想空间。

整理中，**遇到难题、困惑，也要始终以物品的使用者和空间的居住者为出发点去考虑**。尤其是物品筛选取舍中，面对不再使用的物品，很多人往往考虑的是物品本身的状态、价值，而忽略了人已经不再需要和空间、精力的有限性。

从当下的人出发，把你想要的设想一个个具体化，化成可以描述的语言，以这个点为出发起点，再去整理、选择物品，打造能够实现自我价值的理想空间。

世界上没有一模一样的两种整理状态，也没有所谓的标准或好坏，因为在整理中，每一个当下的独一无二的人才是整理中需要考虑的首要要素。

之前有机会入户到日本家庭，近距离参观他们的居家整理。没去之前，脑袋里都是网上日本主妇上传的居家照片，一尘不染。

他们一家五口人公共小件物品收纳柜里收着文具、口罩、药品、优惠券、塑料袋等，均只有少量，但收纳分明。厨房抽屉里收纳刀叉、便当盒子。做便当会用到的相关用品都放在一起。刀叉、筷子是VIP待遇，单独收纳。一般家里一不小心就会泛滥的袋子，他们家只保留三个。

没有网上出现的那种完美照片，但整个房子内，物品适量，收纳有序，界限清晰，简单温馨。全屋参观完后，一边为他们物品的适量而赞叹，一边舒了一口气，很轻松。

很多人一听说“你是整理师啊”“哦，你学了整理啊”，问的第一句话就是：你家里一定很干净、一点都不乱吧。

说真的，很有压力。开始，你可能真没办法告诉他们“整理”和“清扫”是两回事。甚至很多人学了整理以后，一时间也没能弄明白“整理”和“清扫”的区别。

实际上，我家里可能物品很少、空间看起来很空，但说到始终保持干净、不乱，并不是。尤其忙起来或懒怠起来，一不小心就会积攒灰尘，东西也散乱了。有时间的话也总要花半天一天时间在家里大扫除，给物品归位，也会清出不少物品、垃圾。

房子一旦有人居住使用，就是一个动态过程。一个始终在动的空间，绝不可能还保持着静态时的场景。即使每次都整理收拾得一尘不染、整齐有序，东西还是会像长了脚，到处跑。

关键是，整理的时候我们留下适量、必需、重要的物品，收纳有序，清晰明了。在那以后，就是“归位”“清扫”的事了。

而物品归位、清扫是日常之事。

曾有一位学员整理完后非常高兴，说所有东西都整整齐齐了。但过不久突然说很焦虑，尤其看到东西又散乱起来，整个人都不好了。

实际上有一段时间，我自己也会为看到洗好的衣服没有及

时叠好、桌子上不知不觉又放满了物品、回家以后没有立马给物品归位等诸如此类的事情焦虑。

入户参观了日本这个代表普通家庭的居家收纳后，让我放松不少。物品适量，收纳清晰，但日常居住状态下依旧需要不断清扫、维护。

人人都不是完美主义者，那些完美照片，毕竟少数，甚至只是照片。即使我们学了整理，或当了整理师，可以朝着完美状态无限靠近，但如果那些所谓的完美开始让你焦虑，就要学会放松。要是整理实在让你焦虑、焦躁，甚至完全可以停下来。

以居住者为中心，不断调适和选择一种不焦虑的整理状态，也是在以人为中心的整理中应该被充分考虑和尊重的。

## 四个步骤：完整的整理模式

家居生活只有是动态的才有生气。空间、家庭成员人数在一定时长内是不变的；因此这种动态又可以简化为物品始终处于动态中。物品流入家里，被居住者使用，经过一定时长，又因不再使用流通出家里；根据日常生活、季节轮换等需要，重新购入新的物品。

整理也需要一个循环模式适应这种家居生活尤其是物品的动态变化，才能始终保持良好的家居状态和人居住其中的舒适度。这个循环模式可以看作一个和家居动态相匹配的完整的整理模式，分为四个阶段。

第一阶段是整理，在整理中最重要的是做到物品流通。

整理时，需要对物品做筛选，哪些是会用的，哪些是不再使用的。这个过程就一定附带着物品流通，除非你能非常肯定地说，我的生活我的空间当中没有一件多余的闲置物品。

除了利用一定的物品筛选取舍方法进行物品取舍，整理还需要对物品进行分类，按照正确的整理顺序进行整理，在整理的过程中讲究一定的整理方法，这样才能让整理更加顺畅。

第二阶段是收纳，收纳最重要的是每个物品都能有自己的固定位置，实现物有所归。

空间规划好以后，使用合理的收纳工具，让每一个物品都有属于它自己的固定位置。把“让每一个物品都有自己的位置”作为终极收纳目标，然后不断靠近。

第三阶段是保持，在打造好的收纳系统基础上方便拿取使用物品，使用后物归原处，保持家居空间不复乱。

**想要达到不复乱的状态，使用完物品，如果能在短期内把物品归回原处，保持或不复乱的目标就实现了。**很多人刚刚把家里收拾得整齐有序，使用完物品也能够马上放回原处。但如果当下有急事，因为工作忙或者其他原因，很快物品又散乱得到处都是，由此就下结论自己又回到原来的杂乱中了。

很多人希望整理后达到不复乱的家居状态，但对不复乱有一定误解。

所谓不复乱，并不是说物品或者家居状态始终都处于非常整齐和原始的状态，除非这个空间整理完就不再居住了。真正的不复乱，是一旦有时间开始收拾，知道每一件物品应该归位到哪个收纳分区哪个具体柜子第几层，不需花费很长时间就可以让散乱在各处的物品各归其位，空间恢复清爽。

想知道自己的空间是否能达到不复乱，可以给自己测试一下。在短期内，如一天、三天甚至五天内找个空闲时间收拾，在收拾时无须思考就能够清楚地把每个物品放到该在的位置，并且整理过程所需时间并不是很长，这就是实现了不复乱。

如果是公共物品，家人在没有你提示或帮助的情况下，使用完也能一一把它们放回原处，那这个收纳系统对整个家庭来讲都是适合的、友好的，一家人共同维护家里的清爽整洁，一定会更加和睦幸福。

对“绝不复乱的家居状态”的错误理解，有可能让你备感压力。生活中随时随地都可能有紧急事情或忙不过来的时候，这个时候允许我们的居住空间有一定程度的散乱，等于允许和接受自己的不完美，在心理上不给自己太大压力。

一旦有空就能在短期内马上把物品归回原处，那么你的收纳系统就已经达到目标了。

第四阶段是迎新，家居生活是动态的，物品也要吐故纳新。

完成第一次整理以后，不建议收纳十分满，要为新增物品预留适当空间。当新的物品进入家门以后，你就可以按类别把它们收到原有的收纳分区里。

前面说过，因为日常生活、季节轮换等需要，新增的物品如果不加以控制，早晚会超过空间的收纳负荷。家庭成员人数在未来5—10年也可能发生改变，物品变动无法避免。

物品增多或人员增加，一定会冲击好不容易整理出来的清爽空间、适量物品状态。整理完如何做才不会过度打乱原来的生活状态，我觉得一定要记住四个字：**吐故纳新。**

**吐故纳新，顾名思义就是家里的物品，不仅入口需要打开，出口也要保持通畅**。在以后的生活中，旧的不重要的、不需要的、长期闲置的、不再使用的物品及时流通，给新增添的物品腾挪位置。整个家居系统里的物品流动非常顺畅，有进有出，也让空间、生活充满活力。

总的来说，居住者要始终保持家里面物品流通的出口是开着的。物品、信息不断涌入，稍微不注意，就会挤占原来的空间和时间。只有根据生活变化需求添置新物品，并打开过时过期物品的流通出口，做到吐故纳新，生活才不会最终变成一摊淤泥。

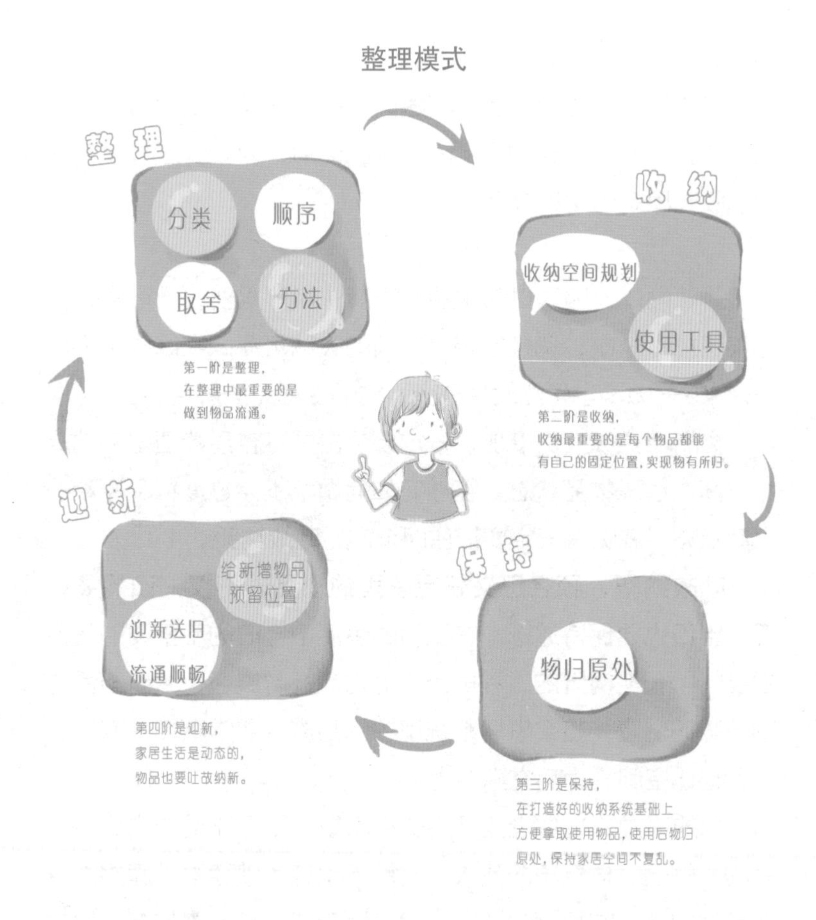


以上四个步骤，就是适应家居动态变化的完整的整理循环模式。想要实现在生活的动态里，空间清爽不复乱，时间从容不匆忙，就要让这个循环模式滚动起来。

## 有序、高效、美好的家居生活

想明白了人、空间、物品所希望达到的和谐状态，缓和甚至平衡了时间、空间与事务、物品之间的矛盾，整理过程中始终以当下的人为出发点，对物品进行筛选取舍流通，让每一个物品都能物有所归，实现家居收纳不复乱，并能始终打开物品流通的出口，吐故纳新，那么整理的循环模式就逐步养成了。维持这个循环模式，就可以打造属于你的有序高效美好的家居生活。

现在你可以从头再去梳理下你的整理，到底是流通不彻底还是收纳做得不够好，或者物归原处的生活习惯未养成。不断检视每个阶段的目标是否做到，像打补丁一样不断调整优化每一个步骤，不断重复循环这个模式，直到达到你想要的理想状态。

## 第二节　收集家庭基本信息

在正式动手整理之前，我们可以先做一个整理计划，最大的好处是让整理有尽头，也让整理进度看得见。但在做计划之前，又需要先盘点物品和收集家庭成员信息，带着目标开启整理，这样最终整理出的样子才是我们想要的。

如何收集家庭基本信息？可以关注四个方面的内容：

第一，家庭成员情况；

第二，房屋基本情况；

第三，收纳空间盘点和分配；

第四，物品类别和数量的盘点。

### 你真的了解自己和家人吗？

收集家庭成员基本信息，首先就是要**熟悉你自己和家人**，如他们的年龄段对整理的不同需求，平常有没有整理收纳的习惯，属于各自的起居活动空间有什么打造需求，全家人一起活动的空间又该如何整理和布置；每个家庭成员有没有特别需要的空间，如工作区、爱好品收纳区、兴趣爱好运动器材摆放空间等。

房子里面的空间整理完如何分配，哪些地方是家里成员的私人空间，哪些地方是家里成员聚会聊天的共同空间，有宠物还要考虑宠物空间。家里人有兴趣爱好或特殊需求的，还需要特别规划出来一些单独空间。

孩子喜欢弹钢琴，那就需要单独规划出一个摆放钢琴、练习钢琴的地方；先生喜欢高尔夫、钓鱼等户外活动，这些用品都比较大件也占位置，需要为这类物品设立收纳空间。

家的样子，是符合我们日常起居习惯、舒适自在生活的样子，需要细致到家里每个成员。

而所谓日常起居习惯指的是家里每个人在日常生活中有什么样的习惯。年纪比较小的小朋友，一般希望他早睡早起。爸爸妈妈可能在家里还需要处理工作上的事情。老年人睡眠习惯和年轻人不太一样，也喜欢早睡早起。

综合家庭成员的起居习惯，可以把小朋友跟老年人的房间安排在不靠街的比较安静的地方。年轻人需要平衡家庭和工作，在家里面设立一个工作区，这样即使工作到很晚，也不会影响到其他人。

即使是一家人，生活习惯也会有所不同。我之前有个学员，房子100多平方米，但只有老两口居住。

这个学员的先生非常怕热，夏天无论什么时候都必须有空调。她本人却非常不喜欢空调，除了习惯，还有身体原因。因为有肩周炎，膝盖也不是很舒服，一开空调就特别酸痛。

因为这个原因，她跟她先生是分房睡的。安排房间的时候把比较通风、日晒时间比较短的房间给她，她先生因为可以适应空调环境，就把没有穿堂风、日晒时间比较久的房间给她先生。

每个人都是家里的一员，想让每个人在家里都能住得更舒适、舒服、自在，就要充分尊重每个人的生活起居习惯。我们打造的并不是一个人的家，而是一家人的家，最终是为了每一个家庭成员在这个家里面都能过得非常幸福。

在整理前期，我也会鼓励学员们去设想和规划现在家里没有但又很希望有的空间，如轻松自在的休闲角，适合家人共处一室但又互不影响的活动空间。也有的学员会考虑得更远，如未来5年之内家庭成员的变化，考虑最多的当然是新生儿的加入、儿童成长需要及家里老人的一些生活变化。

我们所打造的居住空间应该是可持续的。在这一点上面，尤其要考虑未来5年甚至10年家庭成员的变化。

## 你理想的家居是什么样子？

在收集家庭成员基本信息时，不但要了解现状，也要问问他们对整理后的理想家居是怎么设想的。

想要打造一个什么样子的家，想居住在一个怎样的空间里，也许一下子不能描述得很完整，然而不断设想，总能不断靠近。家里的风格是怎样的，空间如何分配和打造，有哪些日常起居习惯决定了家里面如何布置等。

风格虽然说的是家居总体的设计，但也是由一件件单品组合而成，因此考虑和选择单品至关重要，如果能够具体设想到仿佛居住其中的场景就更好了。

想要怎样的墙体地板色调，有没有非常心仪的家具，最好能够具体到某一件单品，这些家具的尺寸是多少，买来摆放在家里是不是正好合适。家里面装饰什么样的物品，挂画、绿植、摆件等，应该在哪个地方预留出空间。

所有大型家具及小件物品装饰品如何布置等，都可以提前设想，因为这些大的或小的单品组合起来就决定了你的家居风格。看到喜欢的家居风格布置，保留下来作为参考。心仪的单品图片打印出来，贴在房屋平面图上。

鼓励家人开始在脑海中设想家的样子时，最好能用具体的语言词句说出来。像“温馨”“舒适”这类词比较抽象，没有具体的细节，触摸不到。最好能够设想尽可能多的细节，甚至联想身在其中的生活场景，然后把它们描述出来。

最初，在装修我的家时，我唯一的设想是，除了卫生间，其余空间都要打通，整个房子不需要有隔断。因为户型小，我想要的唯一效果就是让整个空间更通透敞亮；功能空间之间不需要界限太明显，最主要是人的活动空间无障碍。少了隔断，

就无须每个功能区都安排收纳的地方，也减少了收纳的分散；通透的大开间打扫起来更容易。装修时除了卧室涉及承重墙的关系无法打通外，其他都实现了。

在设想家的样子时，不要给自己太多限制。哪怕实现不了，想象都是允许的。在已有的空间上优化，没有的空间可以尝试重新规划改造出来。把这个家当作一块块积木，随心搭配出全家人都想要的样子，会觉得特别有成就感。

按照这种设想和意愿亲手规划和打造出来的空间，在里面生活会特别便利，也会觉得特别美好，充满幸福感。

总之，不管能不能实现，尽可能详细地想象，期待拥有什么样的居家氛围，生活在其中能够让家人觉得特别惬意的细节等。尽情打开脑洞，不设限，体验逐步实现和无限靠近的过程，一定会让你乐在其中。

如果暂时想不出来，没有灵感，怎么办呢？可以从模仿开始。不断收集心仪的家居图片，保存起来，建立一个命名为“我的理想家园”的文件夹。收集的心仪图片越多，想打造一个什么样的家也会逐渐在你脑海中浮现，越来越清晰。

有机会也可以去逛逛博物馆、陈列好看的专卖店，看看设计杂志、家居App、公众号等，把你觉得喜欢的家居图片收集起来，保存在“我的理想家园”文件夹中。

家中所有成员对于家的设想，也都要收集起来。不如找个时间，一家人一起讨论和畅想。

“观千剑而后识器，操千曲而后晓声。”如何打造家也是一门技术，而所有的技术都是熟能生巧，从模仿开始，到最后注入自己的想法和灵魂，让你的家成为独一无二的属于你自己的港湾。

## 记住就可以无限靠近

记得有几回，学员发了近乎完美的家居图，很向往地说：这就是我想要的！但他的话语很快一转，非常惆怅地说：可是做不到啊！其实，整理本身和任何追求一样，都是可以无限靠近的，只要你有目标。

向往的一种人生、一个理想、一处地方、一门手艺活、一所大学、一件作品、一种形象——都不会马上实现，甚至永远不会实现，但理想可以无限靠近。

那时一定比原本没有追求的好。

《山丘》里唱道："说不定我一生涓滴意念，侥幸汇成河"；还有给人力量和希望的八个字："念念不忘，必有回响"。

人就是非常奇怪，如果追求变得容易，随之而来的乐趣、喜悦或成就感就会大打折扣，甚至直接被忽略。

何妨就给自己设点有难度的事，即使实现不了，至少总还是知道自己喜欢点什么，追求点什么，因为想要非常明确地说出、展示出自己喜欢什么、想要什么，真不是一件容易的事。

在打造家的样子这件事上，就把你想要的样子摆出来。记住，然后无限靠近。

## 房屋基本情况

收集完家庭成员的基本信息，接着就是需要熟悉了解你的房屋基本情况。比如，房子面积多大，户型概况，家里有多少个功能区和收纳区域分布，每一个区域大概收纳了哪些物品类别。这些情况可以画一张平面图展示出来，有助于后期的收纳规划。不会画平面图，也可以找开发商或物业拿取。

收集房屋基本情况时，了解尺寸非常重要。即使不装修，清楚了解自己家里各个空间及柜子的尺寸，也决定着购买的收纳工具适不适合。

在了解房屋里的各种尺寸时，可以大概计算下家里的收纳面积，方法也很简单，每一个独立收纳空间长×宽即可得到单个收纳空间面积，加起来就是家中收纳总面积。犄角旮旯的地方无须精确，估算即可。如果想进一步了解收纳容量，也可以算算家中的收纳立方和。

如何测量尺寸

如图片所示，收纳面积=400mm × 800mm=0.4m × 0.8m=0.32㎡

收纳容量=400mm × 800mm × 2200mm=0.4m × 0.8m × 2.2m=0.704$m^3$

家中收纳总面积占比只是作为空间规划时对收纳空间的分配预算参考，加上床沙发茶几餐桌椅等家具、冰箱落地空调等家电、绿植及其他落地杂物的占比，留给人活动的空间已经不多。因此，为了留给人足够充分的活动空间，越来越多的人选择不要全套沙发、购买轻快细腿家具，或也开始流通客厅大件家具。对收纳而言，想要增加家中收纳能力，并不是家中收纳面积越多越好，超过一定比例就会影响人的活动空间，因此越来越多的人选择收纳时能够上墙收纳的物品统统上墙，也就是充分利用家中的垂直空间。在收纳面积的基础上利用垂直空间扩充而来的收纳能力，可以称为收纳容量。

多出来的这部分收纳容量一般情况下既不会占用人的空间，又能提高家中收纳力，一举两得。

把家中收纳总面积和房屋总面积对比下，看看比例多少。我在自己的整理课上，会让学员先画出家里的平面图，然后计算家中收纳占地总面积，最后和全屋面积对比计算出占比。

得出的比例一般都很低，很多人家里可能有150平方米，但收纳占地面积不到10平方米。而且这10平方米的收纳空间，绝不都是通天高的柜子，也就是说，如果再计算收纳立方和，收纳容量也不会增加太多。

比例大小本身没什么意义，和物品的量比才能说明问题。如果家中物品不多，那其实10平方米也足够了，甚至还会多出来；但实际情况下，每个家庭物品的量远远不止10平方米的收纳空间所能容纳的。留给收纳的空间和物品的总量严重不协调，物品又怎能不溢出来，散乱堆积。

但这些比例数据样本极少，很多学员家里的规划布局也都是很久以前的样式，那时候可能物品远没有现在这么多，所以也不会有先见之明提前增加和规划收纳空间。但对我们的启示就是，现在的房子，最好能在装修时就提前做好收纳规划；所需要考虑的也不单单是功能分区，收纳分区同样重要。

## 收纳空间盘点

第三个部分是对家里的收纳空间进行盘点，大的比如储物间、衣帽间，小的如衣柜、鞋柜、冰箱、收纳抽屉、工具等。

对收纳空间的盘点，能够让我们对自己家的收纳容量有一定认识，就像前面所说，计算出家中收纳占地总面积和收纳立方和。

家庭成员收纳需要讲究界限，收纳空间盘点以后，也可以对家里边的现有收纳空间重新规划，如哪部分是公共物品收纳区域，哪部分是具体哪个家庭成员的个人物品收纳区域，公用和私用及家庭成员之间的收纳有分区有界限，方便共同维护和各自管理，有助于后期保持不复乱。

盘点家里的收纳空间，在房屋平面图上标出来，只需要一二十分钟就可以完成，所以不要犯懒，也不要觉得没必要，认为自己的房子住了这么久早已烂熟于胸。把它们盘点出来，并认真标出来，后期对收纳分区、收纳容量你一定会更加清晰明了。

家庭基本信息收集的最后一部分是家里的物品类别、数量盘点，这个才是家庭基本信息收集的真正大项。

家中物品盘点大致分为两部分，第一部分是公共物品，有多少类别，每个类别数量有多少；第二部分是每个家庭成员的物品，有多少类别，每一类别有多少数量。

但盘点的顺序是：先盘点个人的所有物品，再盘点公共物品。因为需要优先完成自我的整理。

这真的是一项非常繁重的任务。很多学员一听到要盘点，想到家里的海量物品，立马就怯了。很多人可能做到一半就放弃了，或者盘点完衣服就结束了。

在盘点个人物品时，也不要局限于一个地方。想要实现一次真正彻底的整理，就必须把所有属于你的身外物全部列入整理清单，不管是实物的还是虚拟的，不管是身边的还是不在身边的，只要是你的身外物，都必须列入整理清单当中。

因此，个人物品盘点时，第一个要盘点你的个人所有物品存放地点。每个人从出生到现在，居住过的地方可能不止一个，自己的家、父母家、工作的地方等，凡是有你的个人物品，都要整理、梳理清楚，列入你的物品清单。

为什么一定要把个人所有存放地点里的所有物品全部整理完？我觉得这才是真正第一次面对我们所有物品的真正含义，

与空间无关。

当下物品的整理，是对现实生活的重新经营和对未来生活方式的规划；过去物品的整理所附带的意义，对每个人而言都是不一样的，是回忆还是告别，是面对解决还是就此消散，在整理的过程中，你会给自己最后的选择。

这项工作其实没什么诀窍，就是把我们自己的物品存放点、自己的家当作一个仓库，按照科目一个个进行库存盘点。

在前期整理中，如果一下子盘点不过来，或物品太多太乱，根本无法完成，至少先对物品、家里进行全屋拍照，用手机把家里整理之前的状态全部拍下来，局部细节多拍点，有柜门、抽屉类的最好也打开。

## 做一张属于自己的物品分类表

物品盘点不只是零散地记录，还需要对物品进行分类，制成物品分类表。每个人所拥有的物品种类非常多，也都不一样，哪怕都是衣物，大类别相同，细分下去，小类别也会不一样。世界上不会有两张一模一样的物品分类表。

做物品分类表，首先要对盘点出的个人物品进行分类，从小类别到大类别。如果前期物品盘点做得非常好的话，这时候只需把盘点出来的物品进行分类做成表格就可以了。

因为物品都是散乱在各处或收纳在空间内，很多人都没意识到自己原来有这么多物品，对自己有哪些物品也不清楚。盘点和做完自己的物品分类表后才发现，仅以自己如此弱小之躯，居然拥有如此多的物品。如果这当中有非常多不需要、不再使用甚至已经被你遗忘的物品时，你才会惊觉自己负载着这么多没用的物品。

很多人经常会莫名地感觉特别累、特别沉重，反观每天的居住空间，是不是给自己负载了太多无用物品？那些好久都不用、对你来讲也不再需要的物品，其实无形中就在消耗你的能量。借着这一次整理，我们就来给自己做一个减负。

做物品分类表，可以手写，可以借助Excel做成表格，也可以用思维导图。方法很简单，主要考验大家对物品分类的认知。以下是制作步骤参考：

第一步，为了后期收纳规划有界限，家中的物品类别先按成员来分，不同成员的物品和公共物品各自盘点。

关系比较亲密的人或一家人住在一起，物品很容易混杂，建议个人物品跟公共物品分开，有各自独立的收纳空间，能够保持不混乱、有界限。每个人都有自己的收纳空间，自己整理和管好自己的物品。

公共物品就收纳在公共区，方便所有人取用归还，也不会影响到其他人的作息。哪怕家里空间再小，在收纳的时候，也要保持起码的界限。

第二步，根据物品属性分成大类。奇怪的是，每个人对物品的具体属性认知是不一样的。有人会分成物质类和精神类，实物类和虚拟资料类；有人会按吃、穿、用、行来分类；有人会按功能空间来分，如衣橱、书房、厨房、客厅、卫生间、玄关、儿童房等；有人会直接把家里量多的算一类，量少的统统算杂物，如衣物、护理护肤、家纺、书籍、文件、清洁洗涤工具、锅具碗盘食物、玩具、数码等先统计分类出来，其他的统统算进杂物。

每个人家中物品都是多种多样的。在带整理训练营时，经常看到学员家里有各种各样的物品我都没见过。在制作物品分类表时，除了通用物品大家可以参考前面的分类，其他的一定要按照你自己家中物品的具体情况进行细分。

物品分类表做出来一般就是自己和家人使用，只要自己和家人看得懂就可以，所以不必非常严格和死板。

有些物品会随着时间的流逝和人的态度变化而改变属性。比如，一件衣服，原来是用来穿的，但也有可能随着时间流逝或寄托着某些怀念、纪念，这个时候你认为这件物品对你而言是一件纪念品，不要管它本身的属性了。

如果家中某一大类的物品数量不多，这个时候就没必要再细分了，直接把这类物品全部集中起来整理就可以了。比如，很多人会问我书籍怎么分类，我会反问他有多少本书。

要是总共就一二十本，还要去分什么社科类、文学类，有必要吗？简单直接就用两分法，如常看和不常看、综合类和专业类。但要是有好几千本，建议还是根据自家情况，按阅读人按类别都好，再细分下去，这样方便控制每次整理的量。

又比如鞋子，如果有好几百双，有跟的、没跟的，粗跟的、细跟的，冬天的、夏天的，家里穿的、外面穿的，或者平常穿的、重要场合穿的，等等，细分盘点，方便后期收纳找寻。

但是假如你所有的鞋加起来也不过5双、10双，本来就一目了然，再费脑力分那么细，完全没必要，直接把它们集中在一起，要的留下，不要的进行流通就可以了。

物品分类表的大类别确定好以后，再增加细分类别时，什么时候需要细分，什么时候不需要细分，取决于这些物品的量。

做完这张物品分类表，单次整理类别和整理量的计划安排就可以更细致地划分了。有整块连续的时间，可以安排大类别整理。第一次完成整理后继续完善和优化，或某一天你只有一些碎片时间，一两个小时或几分钟，或只是给物品归位收拾，这时候可以整理少量的琐碎杂物。

能够通用的物品分类表，只是从物品本身的属性或功能简单区分。想要更进一步细分物品类别，没有统一标准，得符合自己家中的物品情况。物品的具体分类，主要看人，这有两种情况。

一个是不同的人有不同的身外物分类方法，同一个人在不同的时候也会有不同的分类方法。按功能、属性、时间、颜色、材质、场景、人员等来分类都对，关键是适合自己并习惯它就好。

就像手机App整理，按颜色、按功能、按相近场景需要分类都可以，还可以给文件夹起非常有意思的名字。也有妈妈会专门建立宝宝专用App文件夹，从起床音乐到晚上陪读一应俱全。

我的身外物分类，最开始是按属性划分，分为物质的、精神的、实物的、虚拟的；后面又按功能来划分，分为吃、穿、用、工作、学习、爱好；等等。

后来物品清单渐渐清晰，很多类别的物品就一两样，决定改用按生活场景/场合进行分类，如救生类（防灾等）、安身立命之物、防老、旅行、工作、搬家、居家物品清单。

这种分类方法已经完全脱离空间束缚和属性限制，只从人如何使用和对待物品本身出发。用了这种分类方法，立马觉得和物品的联系更紧密了，每一个场合场景里所需要的物品都很少，但都至关重要，它们都是保证我日常正常生活和应对其他一切变化不可或缺的“伙伴”。

**不同分类方法反映不同人对身外物、对世界的不同认识，折射不同的三观。**

如前面所说，最开始整理时，我只是把身外物当作它们本身，只按性质归类，再做筛选；后来从它们对我而言的功能作用出发，必需的、重要的适量留下。

但现在我梳理了自己的每日事务、日常生活场景、想做的事、期望达到的生活状态、喜欢的生活方式，实现这些愿望需要的身外物即是我需要的。

比起之前，现在的分类更关注自我，几乎都是从自身需求出发。因为需要而拥有，比起因为想要而拥有，需要更专注内在的核心追求、关键要务。

日本作家辰巳渚在《亲子整理术》里提到孩子分类所折射的世界观：把玩具按“自己玩的玩具”“和朋友玩的玩具”“和妈妈玩的玩具”分类，说明这个孩子比起玩具本身，更关注自己和他人的关系。

他在书中说道：“分类是构筑世界观的基础。从分类的方法中，可以看出分类者的思维方式以及对事务的见解。”

深以为然。物品分类表真的没有统一的标准，怎么看待和使用一个物品，就折射了你对这个物品及对世界的认识。打破物品本身的属性，思考具有自己特色的分类方法，如此制作出来的这张物品分类表，对你来讲，可能会更适用。

## 思考安身立命之物

在所有物品中，有一个类别，我想给所有人参考一下，那就是安身立命之物。**什么是安身立命之物？顾名思义就是那些能保障你的生活、证明你身份的物品。**证件类、财产类、防火防盗防震等物品都算。

为什么要有安身立命之物？这是为了提高每个人的风险抵抗能力。

大灾难来临的时候，根本没有那么多时间思考打包要带走的物品。决定生死，就在一瞬间。在这一瞬间的思考中，我们想带走什么？我们能带走什么？

无非就是这些安身立命之物，有了它们，哪怕其他一切都毁了，至少我们的生存还有保障。

安身立命之物最好的整理状态是可以拎包就走，建议集中整理和收纳。

我的安身立命之物

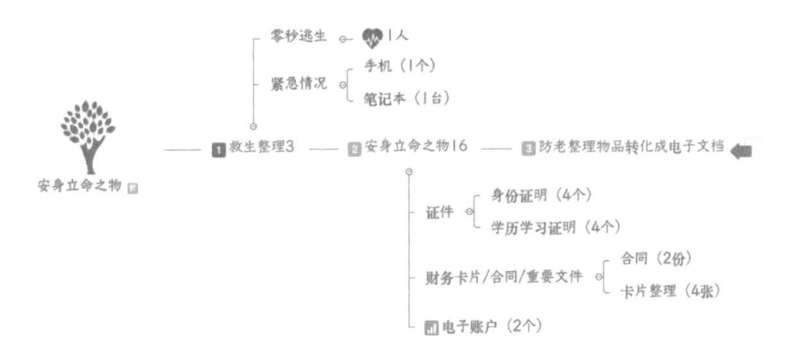


## 为什么要做物品分类表

对第一次彻底整理的人来说，按物品类别进行整理是最好的。针对某个物品类别集中整理，能让我们对这类物品的总量有全局认识。把收纳在家中不同角落的所有衣服都集中在一处，你才会发现原来你的衣服堆起来像小山一样。

盘点和整理物品的目的之一是对我们拥有哪些类别的物

品、各个类别的物品总量清楚认识，在以后的使用和购物时，能够做到心中有数，不至于遗忘和盲目采买。

很多人从小到大的整理习惯是按空间顺序，大到一个房间，卧室、走廊、客厅、阳台、玄关、卫生间、厨房，小到一个柜子——衣柜、鞋柜、橱柜、储物柜……但如果物品收纳本身是散乱的、无序的、随意的，按空间整理又怎么能清楚各个类别物品的总量？

不清楚单个物品类别的总量，收纳就很容易被打乱。如果你的衣服家里好几个角落都有，这个柜子整理好了，后边又从哪里冒出来好多衣服，原来的整理就会被打乱。

按物品类别顺序整理，**也是后期收纳规划的基础。整理完留下的物品在收纳前，需要先做收纳规划，分区、集中收纳等。**想让家中收纳更系统、分区更明确，首选是根据物品的类别分配家中的收纳场所。所以这张物品分类表，也是决定后期收纳是否系统分明的关键参考步骤。

简而言之，物品类别决定了物品整理顺序和收纳系统的基础框架，而不是空间。

什么时候适合按空间顺序整理呢？答案是已经完成按照物品类别的集中整理和收纳，后期继续优化调整和维护前期建立起来的物品收纳系统的时候适合。

某一个空间或柜子、抽屉、箱子、架子，内部怎么调换物品收纳位置，如何进行分隔，需要添加什么工具利用垂直空间，改变收纳摆放方法等，直接按照空间来即可。

## 收集家庭基本信息再怎么详细都不过分

完成家庭成员信息收集、房屋基本情况了解、收纳空间盘点、物品类别数量盘点后，就能建立起整个家庭基本信息的框架，这就是整理的全部对象。充分了解整理对象，在整个整理过程中也能够让我们拥有一种全局观。

如果没有先完成家庭基本信息收集就开始着手整理，虽然一开始也会有不错的效果，但在整理中后期，会开始茫然和混乱，也会因为看不见进程和尽头开始焦虑懈怠，产生挫败感，半途而废。

收集家庭基本信息再怎么详细都不过分，有关家庭成员、房屋、物品的信息都可以记录下来。

如果你现在的生活现状有以下情况的，更需要好好收集家庭基本信息——刚买的房子需要装修，计划改造房子，未来5年、10年个人生活状态会发生变化的，结束单身结婚、添加新生儿等。在这些关键阶段就做好整理和收纳规划，实际上就是在规划未来的家庭生活方式。

**一次收集终身受益**。这个道理，有点类似于了解自己身体的尺寸，肩宽多少、臂长多少、身高多少、脚宽多少等，一次了解清楚了，以后给自己购买衣物就非常容易了。

## 第三节 制订整理计划和整理清单

### 把整理提上日程，当作要事去完成

很多人感觉自己总也整理不完，好像总是在一个空间或一个类别的物品整理中打转。那么一旦开始整理，有没有尽头、有没有结束的时候呢？

**空间和物品是有限的，整理一定会有尽头**。但需要先做一个整理计划，然后按照这个计划逐步推进整个整理过程，无论快慢，只要持续整理下去，总会有完成的时候。对于茫然或容易放弃的人来讲，更需要先做一份整理计划，让整理看得见尽头，在这个整理的尽头等待你的是新生活新风景。

做整理计划之前，对自身的情况也要大概了解。现在所处的是哪个整理阶段，不同的阶段需要有不同的计划。

如果之前从未整理过，建议按照物品类别开始整理，给自己的所有物品类别从易到难排序，制作物品类别整理清单，然后按照这个顺序逐步完成，每完成一个类别整理就打钩做标记。

如果之前已经整理过一遍，想继续优化调整的话，这时候就要把需要优化或解决的具体物品类别、空间整理难题详细列下来，有针对性地解决。

有些人可能现阶段不单单只是整理物品，还需要装修改造房子。除了需要梳理清楚家里的物品，还需要对家里面的空间布局尤其是收纳空间做规划。涉及房子收纳空间的最初规划，前期收集家庭基本信息这时候就非常有用了。

之前就有做过物品分类收纳、平时有很好的整理习惯、家中已经很整齐干净的话，也许就不需要从头开始整理物品，更多的是根据人的活动重新调整优化原有的收纳，或在提升家中颜值、装饰和舒适度上更进一步。

不管哪种情况，都要给这份整理计划安排出具体的时间，长期的、短期的，总之要有限定期限。很多人在做计划的时候，因为各种各样的原因，工作的、家里的等一些原因，担心没办法按照整体计划进行下去，列计划的时候犹犹豫豫。

这时候最重要的是不要有太多担心和顾虑，也不要害怕。有时候我会和学员开玩笑说，计划就是用来破坏的，能够把计划列出来本身也是值得称赞的。

开始整理时，没有经验，无法预估整理进度、时间，没有关系，后期可以根据实际整理情况重新调整安排，最重要的是列出来，不要无限期地拖延下去。

做计划首先是一种梳理过程，对自己的事务、日程、未来一段时间安排等的统筹。能不能完成的结果也是未来做计划的参考，无法完成的计划有时候是计划本身没有充分考虑自己的时间精力安排。

无论计划结果如何，一旦做了整理计划，以及明确想要整理的内容，就会有意识地提上日程，在你的日程中腾出时间来。只有提上日程了，你才会把整理当作一件真正要做的事去完成。

## 如何做整理计划？

需要整理的地点和物品类别盘点明确后，还要进一步细化到可执行。

每一次整理的物品类别是什么，量大概有多少，预估一下能够安排的时间，根据时长决定本次整理的量。只有20分钟，可能就整理一个抽屉；但要是有一天的时间，完全可以安排整理大类别物品。

除了实物整理，还有电子资料也需要彻底整理。方法和实物盘点一样，列出所有存储空间、网络账号，以及手机、平板、电脑、云盘、硬盘、U盘、各大网站账号、收藏夹等。

很多人列完自己的身外物清单，第一句就是：以为三五天可以搞定，列完光看清单就头大！彻底完成一次整理，之所以需要几个月甚至长达一两年的时间，也是因为前面几十年的时间，你不知道自己累积了多少物品和信息！

总之，任何一个属于你身外之物所存放的地点和物品类别都不要略过。有学员也会把自己的网络购物车都清空了，手机通讯录也会一一去整理，为的就是从这一次彻底整理以后对自己的身外物清晰了解。

整理到最后，小类别物品，种类多、数量少，收纳和处理起来非常琐碎。很多人嫌麻烦，直接堆放在抽屉里，没有考虑具体如何流通。比如，各种储蓄卡、信用卡、会员卡，很多人嫌麻烦，没时间，要么直接剪掉，要么先放在一边。

我整理卡片时，集中以后数了一下有几十张，大部分基本不用了，专门花时间到各个银行注销储蓄卡，信用卡也会通过电话注销，其他会员卡检查余额和有限期后，再决定是否直接剪卡。

如果大家整理细致到连各种卡片、购物车、手机通讯录、各大网站账号里的文章照片视频等都整理清楚，那就一定是非常彻底了，整理完也肯定会有特别清晰、明确、轻松的感觉。

**整理计划的最后一步就是做一个时间进度安排表，既要有长期的，也要有短期的**。把个人所有物品存放地点列出来，也把单次想要整理的范围、物品的类别明确了，时间也比较容易确定。

当下家里的物品整理，可以算作短期内的整理，放在异地老家或暂时不在身边的物品，可以算作长期内的整理，可以过年回家或借某个机会顺便整理完。

短期的长期的时间进度表做出来，在什么样的时间、什么期限之内、你要完成某一个类别物品或者某一个物品存放地点的整理，都很明确。

短期的整理进度安排，举个例子，**以21天为周期**，把这21天想要整理的物品类别或者空间写下来，并写上整理日期。哪天或哪几天整理衣服、书籍、文件等，一一列出来。假如21天之内没办法完成这个类别的物品整理，可以在下一个阶段继续完成。

为什么是21天呢？做计划的最佳周期是按月来做，按周太频繁周期也太短，还没出效果时间就到了；按季度或按年做计划，周期太长，只适合做大方向的计划，不适合做很详细的计划。

一个周期21天，加上整理间隔的休息，刚好是一个月的时间，就能完成小范围的整理计划，找到成就感；这个周期对我们而言，不长也不短，很适合当作整理周期，也容易坚持。

一位已经完成自我整理的妈妈，在带自己孩子整理玩具时，就是按照这样的周期制订短期整理计划的。

这篇文章来自一位妈妈的愉快分享。

一、确定目标，集中整理

此次整理目标是家里的小房间，实用面积9平方米，我们决定把这里打造成一个可以休息、读书、玩耍的多功能儿童活动空间。

需要整理的有玩具、床铺、书架、书桌、抽屉等。

首先整理此次最大难点——玩具。

第一天，集中玩具。把床底的四个扁箱子和若干个小盒子全部取出，又收集了家里各处的玩具，有六大箱之多。

二、用“瑞士奶酪法”化小任务，降低难度

面对集中完这么大一堆玩具，我和儿子有点不知如何入手。

先找思路。于是重新梳理了舒安老师讲课的内容，“集中、分类、取舍”“先整理再收纳”“合适的收纳工具”“不生气”等。

我决定“不急躁”“化整为零”，降低难度，把整理任务进行分解，利用晚上空闲时间，每天整理一小部分。

1.分类：每天打开一个玩具箱，按玩具类型进行分类。这期间儿子做了大量分类工作，因为我不知道哪些零件是哪一个玩具上的，只能由儿子亲自完成。虽然有些好久没玩了，儿子却可以清楚地知道哪个零件是哪一个玩具上的，我只有佩服的份了。

2.收纳：儿子留下的玩具多数是乐高积木，为了将来可以方便快速找到玩具，我们用透明封口袋把乐高玩具按不同类型收纳起来。

3.流通：在整理过程中，我请儿子自己选择不玩的玩具进

行流通，并告诉儿子，不想再玩的玩具要一一向它们道谢。

为了成功流通不玩的玩具，我准备了一个大纸箱子，让儿子只负责选择、道谢，流通的事由我来完成。

儿子对每一个玩具似乎都记得非常清楚——

“啊，终于找到你啦！这是我在韩国买的。”

“这个是以前我喝药时姥姥奖励我的。”

“这个是我钢琴弹得好，妈妈奖励我的。”

“每一个我都能想起它们的故事。”

……

听孩子这么说我心里很感动，原来所有的玩具在孩子心中都是有生命、有意义的，我庆幸自己这次没有粗鲁地把它们偷偷扔掉，而是让儿子自己整理取舍。

孩子大了，虽然好久没玩这些玩具了，可是每一个细节都记得非常清楚呢。

三、物品归位，完成任务

重点完成玩具整理后，接下来的任务就是书桌、床铺、抽屉的物品归位、清洁、流通了。

我用12天的碎片时间，从最开始的烦恼、感动、欣慰到最后的开心，小房间基本整理好了，一个可以看书学习、玩耍、休息、可以多人使用也可独处的多功能儿童活动房间已整理改造完成，儿子为其取名为“秘密基地”和“快乐小屋”。

只要有目标，做好计划，不管困难与否，行动起来，一点一点踏实地向前走，总有一天会完成既定的目标。

“快乐小屋”整理好后，老公也觉得甚好，假期坐在小书桌前准备课件，儿子在上铺看书，我在下铺睡个美美的午觉，是不是很和谐呀！

长期的整理进度安排有两种情况，一是对所有身外物整理进度的总体安排；二是适合物品存放地点离你很远的情况，比如，你在A地上班，但部分个人物品存放在老家B地，不太会为了整理特意跑回家，就可以把这部分列入长期计划，有机会回家时再着手整理。

如果之前的个人物品存放点或老家的物品基本没有了，也有可能你觉得根本没有整理的必要，那就可以直接略过。

以上所列的整理计划是对你所有身外物整理的一个大计划，有短期的，也有长期的；有实物整理，也有虚拟资料整理；有现在居住地的整理，也有父母家或其他地方的整理。

这个**整理计划就是一份整理清单**，让整理对象和过程在纸上清晰、清楚，整理时间轴也很明确。每完成一个物品类别、一个空间、一个居住地的整理，都能看见整理进程，向着整理尽头不断前进。

从现在开始，假如你想完成一次彻底整理，那就值得花点时间，坐在桌前，老老实实把这个计划做出来，就像是给整理这个项目做一个项目推进表。整理到哪里了，已经完成了多少，还有多少没完成，一目了然。

## 整理中的难点与最想解决的问题

如果把整理当作一个项目管理，这个项目管理当中肯定会有最难点或最想解决的问题。做整理计划时，也需要把整理过程中的最难点或最想解决的问题列出来，后期整理既有针对性，又有目标，最终整理出来的样子也会更符合预期。

清楚了整理难点或希望解决的问题，在整理过程中，你的脑海里会一直思考如何解决，怎么打造，看到家居图片也可能找到灵感。一开始毫无头绪，整理着整理着突然有了灵感，这种感觉就像方案一直在那里，只不过你用心了，并且最终把它找出来了。有时候也可以请教专业人员，前提是你自己知道需要解决的是哪些问题。

**整理难点因人而异**。有时候是具体某个空间的整理，书房、储藏室等；有时候是具体到家里某个成员物品的整理，尤其是家里的老人舍不得流通，保留了很多无用物品，物品堆满房间等；有时候是怎么教孩子养成整理习惯，家里人每次用完东西就乱扔，没办法归位；等等。

一个很普遍的难点，尤其是刚入门的整理爱好者，对不再使用的物品很难做到流通，怎么流通；不流通的物品想留在家里，但因为不常用又不知该如何收纳。

比如书籍，没时间看又不想流通，太多了也不知道怎么收纳，散乱得到处都是。又比如儿童玩具，远远超出孩子会玩耍的量，家里地板上、桌上全是，也不知道怎么收纳。还有很典型的衣橱、厨房的小家电、各种锅具等，也都是中国家庭中普遍的整理难点。

总之把它们都列出来，方法永远比问题多！不断找方法，和别人讨论，向别人取经，总会得到灵感。

## 为什么要做整理计划？

整理本身也需要整理和梳理。

很多人面对一屋子的物品时，满脑袋都是混乱，别说完成整理了，连从何处入手都不知道。做了计划，就不是今天看到这个角落乱了才整理，明天看到那个角落又乱了再去整理，而是对整理有全体的把控，把整理化整为零，按照所列清单一步一步去整理。

每完成清单上面的一项整理，就把这部分划掉，最后你会发现，原来混乱的、无从下手的整理已经在不知不觉中完成了。

**条理性比较差或不太擅长自己分解任务的人，我建议你一定要做一个整理计划。**面对一屋子混乱的物品，不知道从何入手，从心理上就开始对整理产生畏惧。做整理计划，把整个整理化整为零，这时候你面对的不再是一整个屋子，每次只要整理单个类别的物品就好了，既降低了整理难度，又有助于缓解你对整理的恐惧或害怕，也能在一定程度上避免无限期拖延甚至放弃。

列出整理清单，每完成一项就打钩或划掉，也能提升我们的成就感。人都是功利的，必要和及时的奖励很重要。每完成一项就打勾，或者每完成一项整理时奖励一下自己，休息几天。不管用什么样的方式奖励自己，找到成就感，把整理继续进行下去。

**对第一次开始彻底整理的人来说，整理可能是一场马拉松，不是一两天就可以完成的。**为了顺利顺畅地完成身外物整理，整个整理期间合理安排整理强度就非常重要，珍惜我们的体力、脑力，每天控制可完成的整理量，按照预估的整理范围，只把这一次需要整理的物品清空出来，专注这一部分的整理，让整理本身也能循序渐进。

## 第四节　做好准备，优雅整理

### 整理的三个准备

你在做整理的时候，会有这样的一种感觉吗？把东西全部都搬出来后，不知不觉半天过去了，又不知不觉一天过去了，结果一整天下来也不知道整理了什么。又或者东西全都搬出来后，不知不觉场面开始混乱失控。

整理中突然想起要找某一件物品，就到物品堆里翻找，拆开外包装时随意撕扯，一整天下来灰头土脸的。也有人整理时不注意防尘干燥，整理完的物品跟空间是干净整齐的，但是人蓬头垢面，如果整理量很大，就几近虚脱的状态了。

对于不擅长整理的人来说，如果事先没有做好充分的整理准备，一旦开始整理，会变得极度狼狈和混乱。如果不是一个人住，还有其他室友或家人，整理说不定会让你跟身边人的关系变得紧张。

如果你想让整理过程更愉快、更顺畅，事先的准备是必需的。在整理之前做好相关准备，可以防止整理时没有时间观念、避免翻找撕扯、防尘防干燥防虚脱、防场面陷入极度混乱等。面对整理这件事，不再把它看作一个充满灰尘、混乱、不愉快的过程。整理可以更优雅、更从容。

如何才能更优雅地整理？我给大家三个小建议：

**第一，是个人的准备。**整理之前，把预估需要的整理时间安排出来；整理过程中，因为要集中大量物品，家里需安排出一大块空地。

有些物品类别多，半天或一天几乎完成不了。尤其是第一次整理时，整个整理可能会持续7天、10天甚至一个月。这时候为了不影响日常生活，最好把个人这段时间所需的日用品单独准备出来放在一旁，至少不影响期间正常的生活和上班。

如果是一大家子一起住的话，把物品都搬出来摆得满地都是，多多少少会影响家里的日常生活。如果没有事先和家里人说明，他们是不太会支持的。物品都好好的，为什么要全部倒腾出来？冲突就来了。所以一定要事先和家人打好招呼。

整理之前，跟其他人做好沟通，告诉他们接下来一段时间要进行大整理，其间可能物品会全部搬出来，占地比较大，或者整理过程场面有可能比较混乱，打个预防针，希望他们理解和配合。如果有不便或是影响他们的地方，提前打招呼，也是整理期间保持良好人际关系的关键一步。

**第二，是工具的准备。**工欲善其事必先利其器。为了防止整理时变得灰头土脸，或浪费我们的体力、时间等，相关清洁工具、协助工具、记录工具的准备必不可少。

清洁工具，如垃圾袋、垃圾桶、分类箱、大块干净的布料或床单、抹布、口罩、手套、围裙等。整理过程中肯定会有物品流通，准备好垃圾袋，流通的物品每天及时清走，可以减轻整理现场的压力，保持现场清爽。干净的物品如衣物、书籍等，集中前可以先铺大块干净的布料或床单，防止它们变脏。

整理现场灰尘很多，戴口罩避免在整理过程中吸入灰尘，戴手套保护手，围裙保持衣服干净，等等。有些人连头发都想隔离，也可以戴防尘帽。整理现场的灰尘、油腻比我们想象的还要厉害，这些自我保护的细节都不要忽略，尤其是对灰尘过敏、有呼吸道不适状况的人，更要好好准备。

整理过程中可能会用到一些协助和记录的工具。剪刀可以用来剪吊牌、外包装、盒子；整理时保留下来的物品暂时存放在纸箱中，可以用标签备注下；需要购买多少多大的收纳工具，就得用尺子量好空间尺寸，买回来的工具才能贴合。

为了防止整理过程中没有时间观念，中间分神去做了别的事情，可以用手机给整理计时或倒计时，提高专注力和效率；手机也可以用来拍照，整理前拍个照，整理后同一角度、同一场景拍个照，做成整理前后对比图，找找成就感。

**第三，无须集中即可流通的物品或整理出需要流通的物品及时清出整理现场。**

你的家里有没有一些长期闲置、过期过时，甚至被你遗忘的不再使用的物品或垃圾？像这类物品，知道一定要流通的，就没有必要集中整理。为了节省体力，直接放到垃圾袋或分类箱中，计算一下数量，拍照后提醒自己，就可以流通处理了。

为了控制整理现场的卫生，每天完成当天量的整理以后，一定要及时清理垃圾，清扫灰尘，需要流通的物品如果暂时不能处理，尽量存放在不影响的角落里。

这样做，能够避免整理现场陷入极度混乱。有些大类别的物品，可能需要好几天整理时间，也有学员整理书房、家里仓库等就要一个多月，如果等整理完再清理现场，保留区和流通区物品甚至垃圾等混杂在一起，不仅现场容易失控，还会产生挫败感。

即使整理还未完成，收纳也都很临时，但做好无须集中即可流通的物品或整理出需要流通的物品及时清出整理现场这一步，就可以马上让空间变得更清爽。

整理不是挽起袖子靠蛮力和热情就能三下五除二完成的事，既然决定开始整理，就要用最好的状态认真对待。准备越充分，整理起来越有序从容，胸有成竹，当然，也越优雅。

## 整理时一定要保存好体力、脑力，尽力但不竭力

整理时，哪怕不擅长或需要多花时间，还是建议你先做整理计划。

在整理中，有一个步骤，大部分人做过，但过后一提起来就心存畏惧的，那就是集中。

把同类物品从所有收纳空间里清空出来，集中在一处，耗费巨大体力，场面堆积、混乱，无处下脚，接近失控。但，这不是关键。

让人开始畏惧的是，体力一点点耗尽，白昼淡去，夜幕降临，而整理场面，依旧一片狼藉，无处下脚。

又或者，三五天里，密集整理，饭也没好好吃，觉也没好好睡，一心想来个速战速决。但物品的量超出你的预估，东西不断冒出来，场面反而更散乱。

也有人，下定决心来个彻底整理，看着堆积如山的物品，首先就没了集中的勇气。被收纳在空间里的物品的量，看上去不多，其实露出来的只是冰山一角。

整理是一场短期马拉松，虽不可以无限期拖延，但三五天内想彻底完成，似乎也很不现实。

因此整理期间，做好计划，规划好每次能够安排出来的整理时间和可以完成的量。保存好体力，才能始终轻松愉快地整完全程，感受美好。

做好计划，适量整理，尽力但不竭力，循序渐进。

## 做好整理计划后，机智地行动起来

《圣经》说，“没有行动的信心是死的”。但有时不是不行动，而是的确时间、精力不够。大部分人无法完成整理，不是因为不会整理，而是没时间。

花几天时间彻底整理只能打个基础，后期的优化和调整需要花费的时间和精力更多。

我的解决办法是完成好过完美。即使有整块的时间，只做一件事，似乎我们也会厌倦或效率低下。

每天整理，你的精力体力肯定跟不上，就像天天准备考试固然没错，但如果没有调剂，脑袋早就饱和了。

每天除了要工作、加班、看娃、买菜做饭，还要整理，也没那么多精力。

行动是实现整理效果的唯一途径，但行动本身也需要机智一点，有时间就多整理，没时间就坚持一点一点推进。重要的是，完成好过完美。

就像整理本身需要整理一样，行动本身也需要我们安排和整理好。整理方法和技巧没那么难，最重要的是，机智地行动起来，让整理计划有期限有尽头。

### 任务分解法，拯救你的没时间

把大象放进冰箱，总共分几步？

第一，把冰箱打开；

第二，把大象放进去；

第三，把冰箱关上。

这么简单的动作，一气呵成，还需要分解吗？但如果我们面对的是整理任务量巨大的衣橱、厨房、储藏间整理，或者全屋整理呢？

很多人在面对家里的海量物品时，还没动手，心理上就怯了。更重要的是，完成这样的彻底整理，几乎所有人都没有大块的整理时间。

上班族要上班、出差、加班，没时间；宝妈要照顾大宝、二宝，没时间；自由工作者所有工作步骤流程都要自己来，没时间；大学生要上课、做实验、实习、适应社会，没时间。退休老人总有时间了吧？不，他们要旅游、锻炼、参加活动、照顾孙辈，也没时间。

放眼望去，找不到有连续整理时间的人。而那些让人望而却步的整理，的确需要连续时间。

所以我们只剩下另外一种时间——碎片时间。但碎片时间太短，每次物品刚全部拿出集中完，还没筛选两件，时间到！怎么办，整理还得继续！

解决方案就是任务分解法。

因为是比“把大象放进冰箱”更复杂的任务，所以分解就得更细致。比如整理好衣橱，总共分几步？

第一，整理前准备（衣物大致量盘点、衣物类别盘点、准备工具、不会影响日常的空地和家人的沟通等）；

第二，估算整理时长，预算接下来在家的碎片时间，如晚上下班、周末放假等；

第三，拿出整理期间所需要的衣物，剩余的集中；

第四，按照每次碎片时间时长安排衣物整理顺序；

第五，如果单次某类别整理不完，再加一次碎片时间；

第六，整理完毕，该挂的挂，该叠的叠；

第七，收纳优化，需要增加工具时，测量尺寸，估算需要的工具类别和数量，列购物清单；

第八，买工具；

第九，工具逐渐到位，进一步优化；

第十，根据人的使用习惯，继续调整。

当然，及时流通，尽量保持整理现场不混乱；选择不影响日常的空地，也是为了碎片时间整理能更从容。

如果还是做不到，可以换一个角度继续分解任务。

没时间整理，可以每天定个小目标：

第一阶段，N天，每天流通那些无须集中即可处理的物品；

第二阶段，N天，做一张物品盘点表，就盘点家里有哪些物品，大概有多少量；

第三阶段，N天，改进物品摆放、折叠方式方法；

第四阶段，N天，集中解决你的整理重点和难点，如衣橱、厨房、书籍、玩具、杂物间；

第五阶段，N天，细节优化。

总之，以你所能做到的最大努力，对整理计划和任务进行分解、分解、再分解，直到任务分解到你能应付的程度。

以21天短期计划为例，每天流通一个物品，21天就是21件；每2天学一个小技巧，21天就是10.5个；每3天整理一个物品小类别，21天就是7个类别；每7天解决一个整理难题，21天过后，人生都突然变宽阔了；哪怕21天你只重复遵循一个收纳原则，那也足以成为习惯了。

有一位学员，每天只是找出家里不需要、过期、不再使用的物品流通，坚持了50多天，一共流通了282件物品。

虽然这个方法比较慢，但终有一天，在你主动觉察和坚持下，哪怕只是小小的碎片时间，你的整理也会有尽头。

而我们从被挤压的空间和时间里失去的生活本来的样子，换了一种方式，重新回到我们身边了。

无论如何，整理本身一定是有尽头的。做了整理计划，就要把它当作一项日程，想方设法去完成。

未完成的理由无非等有时间、等过段时间、等以后、等忙完、等放假、等有钱、等搬新家、等买房、等我自己住时、等老了……再来整理，先将就下。

但被拖延的不只是整理，还有你的新生活。**任务分解法，把整理计划化整为零，治愈你的拖延，拯救你的没时间！**

## 你并不一定要面对，有时候可以选择重新开始

我整理自己的海量电子资料时，后期基本只剩下机械动作——删。那时刚好休假，常常好几天宅在家里，坐在笔记本

电脑前，删、删、删。一天下来，头晕目眩。

看看电子资料整理清单，未整理的还那么长，开始不适、痛苦、恶心。

突然一天早上起来，笔记本电脑黑屏了。心里一凉。

重启、敲打，等待了半天，依旧黑屏。努力回忆了笔记本电脑桌面上、硬盘里的资料，虽然还有很多，但居然没有任何想要保留下来的，包括照片。

以为自己会捶胸顿足，实际上前所未有的轻松、解放！

后来呢？

终于买了心仪已久的Macbook pro，旧笔记本电脑拿到电脑城回收换了60块钱。现在已经想不起旧笔记本电脑里都有些什么。

如果旧笔记本电脑没有黑屏，可能我会按照整理计划，坚持每一份资料都亲自整理完成。但意外给了我一个启发：每个人的生活境况不同，尤其我自己在带整理学员时发现，几乎很少有人能够像我一样，有专注整理的大段时间。

电脑黑屏以后，我选择了对这部分自动清空，重新开始。但在新的Macpro里，没有重蹈之前的泛滥，而是学会了克制。

如果你的生活境况不允许，或者某一部分整理对象完全被遗忘，或许也可以无须面对，直接流通清空。重要的是，从此学会克制。

## 搬家、换季、远行、间隔，都是整理的好时机

每次春节过后回海口，一下飞机就能感受到海口的“热情”。到家第一件事就是衣橱换季。

只需把所有厚衣服和夏季衣服分开来，再按需要清洗维护、只需晾晒两项分类，就完成换季了。

整理中发现有几件衣服这个冬天几乎没怎么穿，考虑流通。

实际上因为热带气候关系和场合需要不多，我的冬季衣物（包括配饰鞋袜等）不超过25件，低频使用数量占30%。

回老家的时候有天吃饭，老妈问我，你在家也没衣服，柜子里那些都是这次带回来的吗？我说是啊，原本期待着她夸我精简，总共装满也就一个登机箱。

没想到她居然淡淡地说了一句：“你回家也没几天，带那么多受累，下次少带一点。”当时既出乎意料，又很不以为然。

回来整理行李时，发现老妈说的的确是对的，即使我以为自己带的已经足够少，但还是有好几件衣物，在回老家的近一个月里，基本没穿过。

于是，这几件衣服也进入流通待定区。

年内我做过一场分享，关于我的身外物足够适量清单。当时的生活状态非常稳定，自认为物品已经接近自己所需的足够状态。

但一次远行和一次换季，帮我从原来的状态中剥离出来，重新审视。这种审视，既有可能发现你的剩余，也有可能发现你的欠缺。

流通剩余，可以减少你的资源浪费，如时间空间金钱精力脑力；发现欠缺进而补足，则是一次自我迭代和进步。

衣橱亦然，换季和远行既告诉我剩余，需要精简；又提示我某些衣物类别需要更换，适合多场合的单品比较欠缺。

搬家、换季、远行、间隔，都是整理计划之外难得的整理好时机，跳脱日复一日的稳定状态，帮你重新审视觉察身边物品。

觉察是能留意到，你生活中原本一直在的物品，因为使用频率下降、功能退化、场景更替、时间流逝（年龄渐长）、距离拉长、身份不同、心境改变、生活变化（故）、记忆模糊、情感疏远、时代潮流变迁和进步、社会价值取向、科技进步等因素，可能很久不再使用了，不适合了，需要随时流通起来。

对物品状态的觉察，能让你感知到，生命一直在缓缓流动。

如果你的生活总是容易停滞，你的空间囿于各种物品，你的时间被各种琐碎分割殆尽，你失去了对生活对物品的掌控权，那不妨就在搬家、换季、远行、间隔时，趁机整理下。

总有学员，在整理物品和重新面对自己的生活时，突然惊醒，大呼：我不知道我的生活怎么就变成了这样！重要的是，这个不是你想要的样子；不仅不是你想要的样子，还这样老气、沉重、哀怨、穷困，甚至支离破碎。

曾经我们所珍视的人事物和日常，因为麻木毫无觉察和疏于管理，什么都没变，但一夜之间被你觉察后，突然被定义成泥潭。

其实，物品本身有什么错？人生需要规划，生活需要经营，日常需要维护，即使不需要步步为营，但你，对你的周遭而言，是个起码合格的打理者吗？

“不识庐山真面目，只缘身在此山中。”无法清醒觉察你的现状，无从入手，就给自己一次搬家、换季、远行（旅游）、间隔的机会。

跳脱固有状态，远离了原本习以为常的生活，才发现“一切皆可抛”。在空间的转换中，适量的必需的重要的物品自己就浮现出来；而那个所谓的泥潭，要么留在原来的时空，要么一层层掉落。

四季轮回，冬雪消融，嫩绿吐枝，草长莺飞，春华秋实。自然万物都会随着季节更换生存模式，而你，在成长的生命里，又怎能只有一种物品状态？

借着搬家、换季、远行（旅游）、间隔的机会，抖落身上的枯叶，重塑属于自己的盎然生机。

## 第五节 整理的顺序与方法

田忌在赛马的时候，第一次比赛三场都输了。后来在他幕僚的建议下，改变了一下赛马的顺序，结果以2：1的成绩赢了。

任何事情，做事的流程和步骤顺序不一样，结果就会不一样。在整理的过程中，为了整个整理过程更加顺畅，也要讲究一定的整理顺序和策略。

前面已经做出物品分类表了，整理顺序其实就是按照物品类别表，决定哪个物品类别先整理，哪些物品类别后整理。

### 决定物品的整理顺序

决定物品的整理顺序，需要考虑三个因素，物品本身附带的信息、整理者决断力强弱、界限感。

**物品本身的附带信息决定了它们的整理难度。**每一个物品最初来到你身边，都只是一件纯粹的物品，被使用过后，就不单单只是一件物理上的物品，还附带了很多额外信息。

物品本身的价值、本身的状态、附带的使用者的生活信息、包含的一些情感回忆等。有些物品也有可能是不可再生的，流通以后就再也买不到、找不到了。

很多人的衣服买来一次都没穿，但因为买的时候花了很多钱，舍不得扔。有些东西的状态还很好，但你就是不会再用了，流通的时候就会觉得还完好无损的，很可惜。

某些纪念品，如奖品、奖杯、自己做的手工艺品、别人送的纪念礼物等，象征着你的荣誉、别人的诚意；父母对孩子小时候的衣服玩具很舍不得；恋人爱人送的礼物、日记、一起的合照；等等，这些物品都带有情感回忆，假如流通，也会感觉美好回忆消失了，太没有人情味了。也有些人不愿意整理这些带有情感回忆的物品，因为不愿意面对，这一类物品整理起来也比较难。

以上几个方面的附带信息都决定了物品本身的整理难度是有区别的。

**整理者决断力的强弱也要考虑再决定整理顺序。**决断力指的是我们对物品去留的判断力。整理中要对物品进行筛选取舍流通，需要密集用到我们的决断力。把物品集中起来，哪件要留哪件要舍，暂时做不了决定的还要待定，整个过程非常耗费脑力。

刚入门整理时，我们的决断力很弱，对物品还有很强的牵绊，总会有各种舍不得、很可惜、万一哪天要用的心理。

决断力非常弱的时候，适合从最简单的物品整理入手，在整理过程中逐渐培养提高我们的决断力。集中整理比较简单的两三类物品以后，不知不觉你会发现，自己的决断力增强了，再整理相对比较难的物品时，就不会像最开始那么纠结，变得更果断。

决断力的提高，影响的不单是物品整理，在以后生活的很多其他方面也会变得更有主见。很多人整理前遇到打折促销购物节，或逛商场的时候，会禁不住买买买；完成彻底整理后，购物节再也不熬夜，整个商场逛下来一件东西都没买，除了开始清楚知道自己需要什么，还因为决断力提高了，购物也不那么冲动了。

等你的决断力不断增强，对自我认知越来越深，这时候再去整理难度大的物品，会更容易。

最后，**保持必要的界限感也决定着家里物品的整理顺序。**

什么是界限感？想起很久以前的一个梗，关于要不要穿秋裤，网上流传着一句话叫：不是你冷，是你妈觉得你冷；不是你需要穿秋裤，而是你妈觉得你需要穿秋裤。妈妈的关心让人温暖，但归根结底穿不穿秋裤得自己决定。

人与人的界限感就是，比起情感之间的牵绊，每个人都应该优先把对方当作一个独立的人来看待。再亲密的关系，过多的干涉和全权代劳都会逾越了人与人之间最起码的界限。

最容易没有界限感的有这么几种关系，首当其冲的是父母与孩子，还有恋人之间，或者住在同一屋檐下的人，喜欢打扫、整理的人和不喜欢打扫不喜欢整理的室友之间的关系。

当然也有其他没有边界的关系在。如果你也身处其中一种关系，并且在这个关系中是那个没有界限感的人，从今天开始，可能需要一点改变。

无论何种人际关系，既需要有亲密度，但是又要有一定的界限感，相互之间有独立空间，尊重每个人的生活方式和生活习惯。

最开始接触整理，总有很多人问，老公不爱整理怎么办，收拾两小时孩子5分钟弄乱很崩溃，公公婆婆囤了那么多东西还在继续买买买，怎么改变他们？

以上的念头在想法上已经越界了，下一步就要开始插手他们的整理了。这个时候最好提醒自己要有界限感。

整理好自己是影响和改变他人最好的途径。哪怕家里人人都需要整理，首先要整理的是我们自己的一亩三分地。看不惯发牢骚的时候，问一句，我自己就真的都整理好了吗？

如果没有，保持界限，先整理好自己。

参照物品附带信息的多寡、整理者决断力的强弱及保持界限感，可以这样安排物品整理顺序。

**第一，遵照先个人后公共的顺序。**优先完成自己物品的整理，再帮忙完成已经授权给你整理的其他人的物品和公共物品的整理。

**第二，遵照从易到难的顺序，先从简单的容易整理的物品**

开始，再整理比较难的物品。

把你的物品分类表拿出来，根据难易程度给你的整理做一个排序，哪个简单哪个先开始，那些最难的就留到最后。从最简单的开始，还可以加快整理进程，最快提升整理效果，有成就感以后整理起来也更自信。

总之，制定自己整理顺序的原则就是从最简单的开始，先整理好自己的身外物。

## 开始整理吧！

整理准备工作做好了，家庭的基本信息收集了，整理计划做了，物品分类表及物品的整理难易程度也排列好了，开始整理吧！

整理过程非常简单，通常的核心步骤有三个：

第一步，同类物品清空集中。把家中所有的同类物品集中到一处。

第二步，筛选取舍，从手边的物品开始。对你集中起来的所有物品进行筛选，需要的放在保留区，不要的进入流通区，暂时做不了决定的放入待定区。

第三步，留下的物品进行收纳，不要的物品用各种方法和渠道流通，待定区的物品设立期限，超过期限还未使用也不需要的物品直接流通。

## 整理方法详解

整理时，因为要把所有同类物品清空集中，需要搬动、上下爬动，非常耗体力。因此就如前面所说，如果可以判断家里有要流通的物品，无须集中，直接放入流通区，尽量节约体力。

集中同类物品一定要一件不落地全部集中在一起，所有的柜子、箱子、袋子、抽屉及散落在各个角落的所有同类物品，全部集中在一起。这样做是为了让我们对所拥有的这一类物品的数量，有非常直观的全局感受，整理后收纳不会有遗漏。

集中后，你才会发现自己的衣服能够堆成小山；冰箱里的食物清空出来，能占满整个厨房台面，菜能吃两个月，干货一年都吃不完；塑料袋、外包装、盒子好几百个；面膜将近300片，化妆品几十上百瓶。

尤其是衣服，很多人经常觉得自己衣服太少了，就那么几件，没衣服穿。当所有衣服都集中在一起堆成小山时，才突然发现，天哪，原来我有这么多衣服！很多人甚至会忘了自己有很多同款或同类衣服，却还在不停地买。有一次我给客户整理，单白衬衫就有几十件，集中整理完大概留了10件，其余都流通了。

集中后，如果有外包装、吊牌、保护膜等还没有拆，在不影响使用的情况之下直接去掉，节约空间。

第二步是对集中起来的同类物品筛选流通。物品筛选时，不应以物品本身的属性而应从人的角度出发，按照会不会再使用的标准，把物品分为三类，第一类是保留区，还会再使用的物品放入这个区域；第二类是流通区，已经不会再使用的物品放入这个区域；第三类是待定区，既不知道会不会再使用又暂时做不了取舍决定的物品，可以放入待定区。

筛选流通时最重要的是速度。用手机定时，面对集中的物品，不要翻找撕扯，就从你手边的物品开始，一件一件拿在手上开始筛选判断，10秒钟之内决定物品的去留或待定。

集中在一起的同类物品通常量很多，不快速筛选决定最后会非常耗时耗力。这也在前面说过，为什么要从最简单的物品开始整理，因为快速筛选时需要密集用到你的决断力。决断力弱的话，在筛选过程中会很快疲劳不适，甚至放弃。

看到堆积如山的物品，本身就会让我们焦虑。为了减轻这种焦虑，也要尽快完成筛选让整理现场恢复到干净状态。如果和家里人住在一起，也是为了尽量不影响其他人的生活起居。

很多人整理时，要么突然去试衣服，要么拿起手机刷下信息，某个物品不知道亲戚朋友需不需要打个电话问一下。半天过去了，那堆物品还岿然不动。快速做决定也有利于提高你的专注力。

如果担心快速筛选会流通错物品，或想问亲戚朋友需不需要的，直接放入待定区，后期再进行第二遍、第三遍筛选。

总之**第一次进行筛选取舍时，一定要记得速度、速度、速度。**设定闹钟也是为了提醒自己，无形中会有一个意识，不要拖拖拉拉、节外生枝，整个整理进程需要不断快进，一两次以后就能培养提升你内在的决断力。

待定区的物品可以继续进行筛选取舍，或单独存放一处，设定一个期限，一个月、三个月、半年、一年等。这期间从来没想起过它们或再也没用过，超过期限直接流通。

整理时适当的记录很重要。建立整理专门文件夹，制作的表格、整理计划、整理前后拍的照片、制作的整理B&A（整理前和整理后）对比图、整理过程记录的物品保留数量、流通数量等都可以集中保存在这个文件夹中，方便后期回顾和复盘总结。

### 从最简单的开始整理进度也非常慢，怎么办？

整理三五天后，很多人慢慢地不耐烦了，已经从最简单的开始整理了，但进度还是那么慢。而且，一开始筛选流通时也不得法，几乎完全做不了抉择。

从衣物开始，拿起一件衣服在手里，想想要还是不要，犹豫不决的时候还要试穿，还要设想今后会不会有穿到的场合，单就这件衣服筛选花了5分钟10分钟还不止。再看看山一样的衣服堆，还有山一样的家里其他物品，几千上万件，什么时候是个头？

有一本书叫《指数型组织》，里边提到两种思维方式：线性思维和指数型思维。作者举了个例子。据说科学家在破解人类基因时，花了7年终于破解了全部基因的1%。投资家知道后，傻眼了，7年才1%，那得700年才能全部破解完？

科学家摆摆手说不会，剩下的，4年就可以破解完毕。这被破解的1%，他们已经掌握了破解方法，第一年就能破解2%，第二年4%，第三年16%，第四年100%。

投资家和科学家是两种不同的典型思维：线性思维和指数型思维。线性思维假设全部破解完需要700年，没有考虑这期间的科技进步、设备更先进、破解方法可以复制等因素；但指数型思维是说一旦掌握了破解人类基因密码的方法，剩下的就只是拿钥匙开个门的事了。

整理也是这个道理。开始整理可能很慢很慢，要一件一件物品拿在手里进行判断，哪件要留下，哪件要流通舍去，要花很长时间做决定，也有可能因为做不了决定直接留着。

但这个过程是必需的，因为你得知道为什么，你得了解自己的想法，自己真正的意愿、喜好。不断逼问自己，找到适合自己的流通方法和流通时真正会考虑和在乎的因素是什么。

这样筛选取舍了一定数量的物品后，慢慢掌握整理筛选流通的诀窍，破解整理的1%！决定整理快与慢，首当其冲的是决断力的强弱。破解整理的这1%，就是决断力提升的1%。

这种决断力的培养过程，就是思考的过程，这也许是你集中拷问自己最多次、问自己最多为什么、对你自己最追根究底穷追不舍的一个过程了。

当这1%发出“叮”的一声，你就找到了属于自己的整理方法！剩下的，就是不断复制这个方法；而整理进程也会加快速度，以你想象不到的进程顺利完成！

## 借由整理，重新认识自己

不管实物整理还是电子资料整理，都是一个重新认识自己的过程。借由整理，我们生活的本来面貌或者你自己的本来面貌才慢慢从烦冗和嘈杂中浮现出来，像一座海上冰山，在月光下棱角分明，而你虽然作为你自己活了这么多年，这时才对着冰山感叹道——

啊，原来我是这个样子的，原来我适合这样的衣物，原来我真正的兴趣是这个，原来我想要的真正的生活是这样，原来让我心安和觉得美好的是这样的人生。

太多的“啊，原来……”从整理中浮现出来，经过一段时间，你脑海中所想要和勾勒的未来开始清晰可见。

你喜欢被什么样的物品包围、喜欢什么样的生活环境、想要成为怎样的自己，想要怎样的未来，想要如何和自己、家人及身边人更好地相处相知共度时光，开始变得有数，说得出口，实践起来也似乎有了明确的地图指示，而不再只是朦朦胧胧、将就凑合。

## 物品筛选持续多长时间合适？

虽然没有具体数据，但以视觉直观感受，每一户人家里的物品数量都在四五位数。

物品集中后，需对每一件物品进行筛选取舍。这个过程一不小心就会非常耗时。而一旦耗时太长，整理就会让人倦怠。

决断力不够好的人在物品筛选这一环节更显吃力，以至于他们在这一环节就败下阵来，草草了事，搬出来的物品只整理了开头，就又一股脑儿地搬回去，并长叹一口气。

因此，控制物品筛选取舍的时长至关重要。

那么，物品取舍多长时间合适呢？最好按秒计时，物品拿起，1、2留，1、2舍。三五秒内快速做决定。刚开始不适应的话，对一件物品筛选判断最长也不要超过10秒。

对于非常明确去留的物品，这么短的时间当然做得到。但肯定还有让人犹豫不决的物品，怎么办？

为了不让犹豫不决的物品影响筛选进程，整理时以人的需求为出发点，除了设立保留区、流通区外，还可以设立第三个筛选分类：待定区。

同类物品集中以后，10秒之内能决定去留的，放入保留区或流通区，10秒之内不能决定的，放入待定区。

## 第三章

# 整理适量点：流通，减负、减肥、减重

# 第一节　从此打开你的物品出口

## 什么是真正的流通？

流通，即处理不再使用的身外物。“使用”不仅指吃喝用等物质方面的使用，也指装饰品、纪念品、摆设品等精神方面的使用。

一件物品的最终归宿无非两种，用或不用。用就留下，不用就流通。人在成长，生活是动态的，房间是动态的，身外物也应该是动态的，流动起来才能通畅。

在整理的时候，环顾你的四周，检视你的周围，或多或少都堆积堆叠着不再使用的身外物。

流通，是为家减负，为有限的时间、空间减负，只拥有足够适量的身外物；从身处环境中感受轻快放松的能量，为身体心灵减肥减重。

正如我的学员所说：

——大概流通掉99%的物品和电子资料后，我重新定义了自己的生活，只拥有适量必需重要的物品，向自由无限靠近。

——整理收纳的不仅仅是物品，还可以是自己的体重和健康。通过5个月的努力，体重成功整理掉13公斤，从思维上梳理生活中的自己，把健康作为重点，让自己身处美好的当下。

——花了半年说服了70多岁的母亲流通物品，虽然中间有些波折。母亲有一天跟我说，她流通完东西后感觉年轻了10岁。

——我家小区房价差不多得8万元每平方米，拿来放没用的东西太奢侈了。我现在改变观念了。

**流通最大的效益是重新赋能。**不只是简单地把物品当作垃圾处理，而是让它们在新的适宜的地方重新发挥价值。

就像国家的货币系统，越流通越能激发经济活力。让身外物流通起来，对个人而言也是自身资源的合理再分配，产生更大的生活、人生价值。对社会对地球而言，流通的微小意义在于，从管好自己开始，减少或不给地球增加负担。

**流通场景/场合**

日常家居生活

搬家前/装修前

日常办公/某个项目结束

跨越某个生活、人生阶段/身份转变前

日常电子资料维护/知识管理更新

任意延伸

### 流通时间

随时随地、间隔期/搬家/旅行/整段时间/碎片时间/在路上/出差/排队/等车/坐车

### 流通的方法

1. 判断为不再使用的身外物，筛选出来

2. 对即将流通的身外物道一声感谢

3. 计算流通数量，并记录下来

4. 给即将流通的身外物拍照

5. 选择对自己来讲成本最低的方式流通，如直接放进垃圾桶、二手买卖、二手回收、赠送、捐赠等

### 流通缓冲：待定区

使用不到又担心流通错误、害怕后悔、暂时无法做决定保留还是流通的身外物，设立待定区和缓冲期限。

超过期限不再使用甚至忘记，直接流通。

### 流通类别

1. 实体物品

衣物

包包

标签

各种开封、未开封、过期、不适合的护肤品

耳饰品/首饰/不使用的装饰品

完成使命的节日用品

不再使用的家纺用品（枕头席子/20年的床品/16年的纱布）

书籍（杂志/专业书籍/综合）

纸质文件（文件/单据/付款凭证/票据/使用说明书）

超量的用具用品

厨房杂物（闲置小家电/塑料袋/过期原料/锅具/餐具等）

收纳工具（保鲜盒）

过期药品/保健品

文具

数码产品（旧手机/数据线充电器/无线路由器/笔记本电脑等）

外包装/数码盒子/手机盒/纸箱/纸质手提袋

大件家具/杂物

过时的不再使用的娱乐用品（碟片/电视机）

长期闲置的兴趣爱好

其他各种杂物

油腻灰尘

儿童物品（书籍绘本/玩具杂物）

各种卡片

证件套/证书外壳

随身物减负（包/化妆品/钥匙/文件等）

2. 电子资料

电脑/手机/文件/相片/视频/订阅号/内存/云盘/收藏夹/信息/通讯录

3. 事务/工作/环境

4. 人际关系

5. 情绪情感心理

6. 任意延伸

## 用简单粗暴的超大号垃圾袋，开启你的整理！

《列子》里有个上古故事，相信每个人都耳熟能详，那就是愚公移山。这个故事说的是愚公家门前被两座大山挡着，出行特别不方便，于是他不畏艰难决定把它们搬走，日复一日，年复一年，最终感动天帝，将山挪走。但过了几千年，人们纷纷加入他的队列，搬起物品这座大山。

看到那些物品堆积如山的照片，自视聪明一筹的现代人更应该好好反省。这不是大自然形成的，而是物欲和漠视堆积起来的。

愚公的山就是大自然的那两座，而你堆积如山的物品，如果不加审视和整理，将永无尽头。

对这类堆积太多无用物品的人来说，往往最开始整理都无从下手，因为物品实在太多太多。要有一整块的空地来整理？没有！还要把同类物品一件不落地从屋内的各种角落集中在一起？光想想就心累，尤其是重物更是需要花费巨大的体力！

假如你也有这种情况，开始整理前最需要的不是分类，也不是集中，而是首先从流通开始！准备几个超大号的垃圾袋或纸箱，然后绕着家里的每个空间走几圈，先来个大扫荡：

1. 把你能确定、肯定及根本无须考虑的好几年不穿的衣物、掉皮掉漆的包包、破洞的鞋子、毛巾、发黄的床单被罩等直接流通；

2. 过期、发霉、发胀、发臭、锈迹斑斑、残留渣子等恶心的东西直接流通；

3. 莫名其妙的小物品、塑料制品、积攒了“一个世纪”厚灰尘的犄角旮旯里的东西直接流通；

4. 根本都不知道是什么内容的宣传单页、纸片、文件，以及死活不会再看的书籍直接流通；

5. 毫不环保就为了撑场面的外包装、纸箱、塑料袋、吊牌、快递纸箱、泡沫等直接流通；

6. 其他毫不犹豫就会扔的东西直接流通。

这些根本无须整理和判断的物品，无须集中，不用做无用功。拍个照存留，在以后的日子里提醒自己，然后就可以直接流通。这样几圈扫荡下来，家里就会清爽不少。重新裸露出来的空间会使你的房间瞬间光亮，整理的信心大增。

对需要繁重体力和脑力的整理工作来说，精力最宝贵，这是整个整理过程需要时时珍视和保存的，把整理当作一场马拉松并不为过。

流通的第一步是粗放整理，是后续精细整理的先行步骤。对那些杂物多到令人发指、无须标准就可以直接清出家门的垃

圾来说，这样做的最大好处是可以减轻整理的工作量，方便后续按物品类别开始集中整理。

所以，拿起你的超大号垃圾袋，给即将开始的整理流通减负减重吧！

## 只要做到这一招，你就赢了中国99%的家庭！

我想，每个家庭都会遇到一件烦恼的小事，本来收拾好的空间，无缘无故就会出现非常多的塑料袋、包装纸箱等，各种各样的外包装充斥着各个空间，从玄关到客厅，从抽屉到冰箱……还有各种报纸、杂志、宣传单页、废弃纸张……分分钟拉低家居颜值！一打开房门、柜门，看到那塞满的、五颜六色的塑料袋，再好的装修配套也是枉然。

拥有各式各样、五彩斑斓的塑料袋、外包装似乎成了中国家庭标配！即使超市已经改用付费环保塑料袋、越来越多的人早已开始使用环保购物袋（篮子）等，但塑料袋、外包装、纸箱等，还是无法避免。它们不仅极其不环保，影响健康，也让空间更杂乱和显得廉价！

只要去掉外包装、留下包装里想要的物品，收纳容量立马提升！同样的收纳空间，减少外包装加上合理的摆放方法，容量甚至可以提升50%以上！

以上这些，也无须集中即可流通。只要流通减少家中的塑料袋、外包装、纸箱、废纸张等，你就赢了中国99%的家庭！

## 那么多无用物品到底怎么来的？

有一位学员跟我咨询，家里特别多公仔怎么办。大概有几十个吧，家里是普通的套房，原本物品就多，收纳就成了问题。如何收纳是其次，我第一反应是好奇：为什么会有这么多公仔呢？一问，原来不是买的，而是玩夹娃娃机夹来的！她孩子的姑姑喜欢玩夹娃娃机，碰巧还是个高手，夹到了就送给孩子。于是家里就多了好多公仔娃娃，以至于发愁，甚至还要用一个房间来摆放它们。

看了几千张学员家中的图片，其实和这位学员有一样困扰的人很多——某类物品很多，也不是太需要，没有空间收纳，但又不知道怎么流通处理。其实，比起收纳的烦恼，更应该思考这么多自己原本不需要的物品，到底是怎么进入家里来的。不停地买买买？送的？打折促销、买一送十？扫码免费得？“5·20”“6·18”“双十一”“双十二”？

整理完后要从源头上控制物品入口。不需要、不会使用、不再使用的，直接不要。

## 家中物品活跃率测评

按照使用频率，物品可粗略分为：

1. 高频物品区，即每天都会用到的物品，如手机、某双鞋、某个锅具、某套护肤品等；

2. 中频物品区，即每个星期/月都会用到的物品，如某件衣服、面膜、更换的床品等；

3. 低频物品区，即每季度或每年会用到的物品，如雨伞、泳衣、换季衣物等；

4. 特殊物品区，即只在特定场合、时间段会用到或留存纪念的物品，如药品、逃生用品、收藏品、纪念品、装饰品、节日用品等。

你可以先跟着我一起做一个小测试。

1. 你家现有高频使用物品是哪些？第一反应出来的物品，至少列10个。

______________________________

2. 你家现有中频使用物品是哪些？第一反应出来的物品，至少列10个。

______________________________

3. 你家现有低频使用物品是哪些？第一反应出来的物品，至少列10个。

______________________________

4. 你家特殊物品是哪些？根据实际情况列举，如果种类少，可以全列出来。

______________________________

5. 你家高频物品、中频物品、低频物品、特殊物品的数量各占物品总量的百分比是多少？（四个物品类别占比总和为100%）

高频物品数量占比：________

中频物品数量占比：________

低频物品数量占比：________

特殊物品数量占比：________

| |
|---|
| ○高频物品区比例大于50%，物品极简，管理简单 |
| ○中频物品区比例大于50%，物品适量，收纳简单 |
| ○低频物品区和特殊物品区比例最高，物品闲置多，但会各种收纳术，也有很多收纳工具 |
| ○低频物品区和特殊物品区比例最高，物品杂乱，很多都不记得，不会收纳，工具很少 |
| ○物品使用率不到1%，低频物品泛滥，类似囤积症 |

6. 根据以上分类，你认为自己家中物品活跃率是______。

物品流通不是整理目的，而是手段！

对物品流通的看法，我大概经历了三个阶段。

第一阶段，我非常斩钉截铁地认为：不整理，勿收纳；而整理，一定需要对物品筛选取舍和流通。不管因为什么而流通，本质是一样的：留下适量、必需、重要的物品，过足够适量的生活。

而我自己，也深深体会到流通给自己带来轻松、清爽的惬意。

第二阶段，当对整理了解越多、越深入时，发现根本不能直接把“流通”等同于整理。

所以，听到很多人说“整理就是扔东西”“整理就是断舍离”“整理就是丢丢丢”时，会急于解释“整理”本身的深刻魅力，弱化“流通”的重要性。也有人会错误地以为：一旦开始整理，即使没有做好物品“流通”，如果能通过整理对自己物品量有深刻认识，并能同时做好收纳，大概效果也能达到！

但每每看到那么多家庭里囤积的大量塑料袋、包装袋（箱）、常年不穿的衣服、包包、鞋子、成堆已经坏掉的玩具、不再适合家中成员阅读的书籍、在客厅茶几旁书房角落堆积的报纸、阳台上枯干坏死的花草、破角的陶制用品、油腻腻黏糊糊说不上来什么调味料的瓶子……我的想法又改变了。

家中堆积着这样的物品，谈一切整理的道理都显得特别多余。这应该属于常识范畴，该清出家门、告别臃肿、给空间减负减重的物品，唯一需要做的，就是继续流通。

所以，如果再有人说“整理就是扔东西”“整理就是丢丢丢”“整理就是断舍离”时，那就告诉那个人就照他的理解去流通吧。

对整理而言，物品的“流通”即使不是目的，也一定是手段，是过程中必定要用到的，除非你能非常自信地说：我家中没有任何一件闲置多余物品。

在只拥有了适量、必需、重要的物品前，整理必不可少的就是物品流通！

## 第二节 物品流通两大方法

物品流通的方法，有两种。第一，是物理流通，从客观角度判断这件物品要不要流通。第二，是心理流通，从人出发，对物品的态度、看法，以及是否想要拥有来判断一件物品要不要流通。

### 物理流通

物理流通比较简单，它不需要太多的思考和决断力，只要从物品本身的状态考虑要不要流通。

物理流通首先看物品的功能，是不是退化或已经无法使用，家里的垃圾、不能用的外包装、破损、缺少零件、过期变质、起球变形褪色等物品，都可以流通了。

有人会考虑物品缺少零件或破损，虽然不能再用，但对拥有者来说有纪念意义。这个时候物品的属性已经改变，应该归入纪念品中，所适用的流通方法又不一样了。

物理流通的第二大类是长期闲置的物品。到底多长才算长期，你自己说了算，可能是3个月、半年或1年。很多人家里超过5年、10年闲置不再使用的物品都有。

衣服3年没穿过，家电5年没用过，某个物品闲置7年；孩子小时候的用品，十几年了还大量保留在家里。这类长期闲置的用品，未必都是用来纪念，也许只是因为不舍才留着，很多时候甚至被遗忘在角落里。也有可能日常没有觉察，看到但没“看见”，也没意识到需要流通。

无论多长的期限，只要超过一定期限没有使用的物品，一定要去思考原因。假如已经不会再用，就要考虑处理。

物理流通的第三类是**同类超量的物品，限量保留，其他另做处理**。不知不觉就买了大量差不多的T恤、裤子，差不多颜色形状的包包、鞋子。面膜、纸巾、小孩子的玩具，家里面的消耗品——卫生纸、垃圾袋、保鲜膜等，因为没有盘点和留意，遇到打折促销就囤，家里快等同于小型超市，存货也能用好几年，买的时候看似划算，实际上却占用了大量的空间。

正因为家里的收纳空间有限，所以要同类限量保留。即使消耗品全部留着，做好盘点后，也要告诫自己，往后1年或3年内都不需要再购买了。清楚了同类物品某段期间需要的量，一旦家里备的货超过这个量，就要控制消费了。

物理流通最重要的考虑是物品本身的状态、数量，比较简单和容易；最难的是心理流通。

## 心理流通

**心理流通指的是在整理过程中，对某些难以取舍的物品，要从心理上割舍我们与物品之间的链接。**这是整理过程中最难跨越的心理上的一个又一个坎。

物品一旦进入家中，就已经不单纯只是一件物品了，相处和使用时间越久，我们在它们身上寄托的情感就越多。难流通的并非这件物品，而是物品之外的情感。

不再使用的物品，既想流通又做不到，无法克服心理上的障碍，怎么办？这时候需要考虑的是回归人本身。

**以当下的人为中心**，而不是物品本身，更不是已经消逝的过去的生活。“这个物品到底要不要流通”的想法其实还停留在以物品本身为出发点来考虑流通，“我到底需不需要/会不会再使用这个物品”才是从自我需求的角度来思考。

心理流通唯一的原则是**这个物品你会不会再使用它。**

对待难以取舍的物品，思考它们最终的归宿，原则也就是你会不会使用它。如果会，怎么用？什么时候用？穿上它，使用它，改造它，把它摆出来，做纪念品、做装饰，甚至仅仅因为留着它能够让你非常开心安心，给自己激励。

物品被制造出来，其本质就是为人服务；而被使用，就是物品的归宿。

整理不仅是体力活，也是脑力活。遇到难以流通的物品时，需要你主动频繁去思考。做不了决定的时候，不要害怕，也不要忽略过去。遇到困惑却没有思考，即使整理了，也只是停留在原来的认识中。

在整理物品过程中**引发的思考，也许是你这辈子最集中审视自己、对自己的一切思考最频繁的阶段**。这也是锻炼决断力、提高思维能力，以及提升自我认知非常关键的过程。

整理过程的思考，会不知不觉引发你思考和梳理自己的生活、工作、人际关系、兴趣爱好、生活追求、人生理想最集中的时刻。这个思考和想通的过程，不只是和物品的关系整理好了，和自己和世界的关系也顺畅了。

在流通时每个人都会有很多担心，这个物品流通了以后说不定还用得着怎么办，新买的一件衣服和之前流通掉的裤子很搭早知道就留着了。书籍、绘画笔、烘焙工具、榨汁机、咖啡机，等有时间了放假了我会用，甚至留至退休以后。家里面很多碗筷、被子、被褥、拖鞋、餐盘……完全超出家里需要的量，是给万一来的客人准备的。

第一次整理的人多多少少会有这些担心。这个时候可以给自己一段时间，看看自己的担心会不会发生。整理之所以需要花一两年，也是因为不要一次就给自己太多压力。过了这段时间，你会发现，即使当时物品流通了，90%担心的事情都不会发生。

即使流通了的物品以后真的需要，也不会因为缺少的这一两件物品导致生活崩溃。

无论物理流通还是心理流通，都是**一个渐进的过程，也是一个顿悟的过程**。现在对某些物品没办法做决定，没关系，一

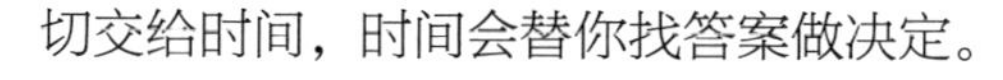

切交给时间，时间会替你找答案做决定。

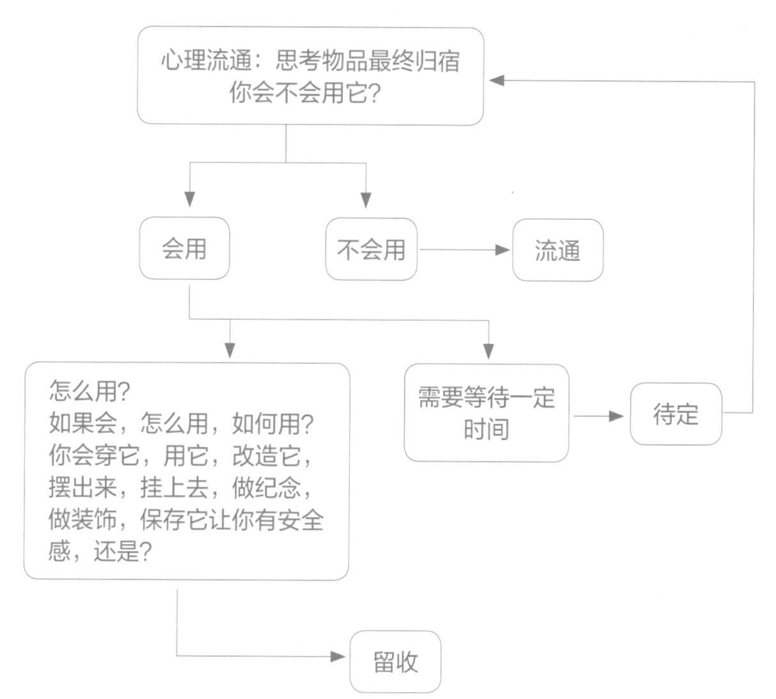


哪怕我们所熟知的整理大师，也不是从最开始就能非常快速准确地知道哪些自己需要，哪些可以流通。每个人都需要经历非常长的时间，不断摸索了解自己的生活，才能逐渐梳理出自己真正需要什么，自己想要的生活的样子。

列夫·托尔斯泰说过：“写作中，知道不写什么和知道写什么一样重要。”在无须思考就知道自己需要什么，将简单的生活变成日常，时间、空间、兴趣爱好、自我实现、生命价值，很自然地摆在眼前，等待你去认真对待，在整理中能够达到这样的状态当然很好，但假如真的不知道自己的需求在哪儿、如何取舍物品时，能够从知道自己不需要的那部分开始，从而进行流通，也很重要。

整理，归根结底要回归到对自我的认识；流通，也是专注自我的反向练习。

## 流通时，对物品说一声“谢谢”

衣物、书籍、文件及其他物品集中时难免会堆积堆叠，整理时切记不要对着成堆物品说这些我都要留、那些我都要流通。最好是每一件物品，甚至每一张纸都用手拿起来看一下，再考虑它们的去留。如果打算流通，那么清出家门之前，对它们说一声“谢谢”。

谢谢所有物品的陪伴、谢谢那件大衣曾经给我们带来温暖、谢谢雨伞曾经给我们遮阳挡雨、谢谢老旧的笔记本电脑帮助我们完成工作任务、谢谢手机让我们能够和千里之外的家人随时聊家常、谢谢书籍让我们不再那么无知……谢谢有这些物品，我们的日常才得以如此顺利地进行。

开始对流通物品表达感谢时，会很生涩也很奇怪，说不出一两句话；后来慢慢地、慢慢地、感谢的话语越来越多，好像心门一下子敞开了，回忆历历在目，情感喷涌而出。这是一个开始谦逊的过程。

流通时，对物品说一声“谢谢”是我从近藤麻理惠的书中学到的。这种做法，最开始会非常别扭，也会让身边的人不解：物品连神经都没有，哪儿来的意识和生命听得懂“人话”？

对着流通的物品说谢谢，你一定觉得怪异可笑，然而不得不承认，感觉怪异的同时，心境改变了，某种亲切、温暖、柔软的东西在心底蔓延，拉近了你和自己的距离。

这种怪异可笑的举动，也许就改变了你的心境，你的物我观。

## 知识管理，从流通无用无效信息开始！

物品的两大流通方法对知识管理同样适用。

知识管理也是整理，只不过物品变成知识，居住空间变成虚拟空间，收纳工具变成网络存储，购物消费变成知识领域的学习进修。

现在知识管理的文章、课程层出不穷，但假如各种资料信息不先进行整理，就像不加选择大量购进囤积物品一样，最终会超过你的负荷。

因此，知识管理首先要做的是整理，删除冗余信息，给重要信息建立管理体系。

最开始打算梳理自己的电子资料时，你会发现自己就是一个不折不扣的电子资料囤积症患者，不计其数的收藏文章、资料、海量照片、文字……是那么的杂乱，都忘了大部分文件夹里的资料是什么。

先梳理清楚自己都有哪些资料，流通掉无效无用信息是整

理的关键。可以这样做一个整理计划：

1．整理对象：所有电子资料；

2．整理想要达到的目的：集中知识（资料）管理，方便搜索；

3．整理空间盘点：

微信收藏/微信读书/Kindle/QQ空间/QQ邮箱/网易邮箱/新浪博客/新浪微博/豆瓣/知乎/有道云笔记/印象笔记/百度云盘/360云盘/360浏览器收藏/safari收藏/Safari书签/Mac硬盘/iCloud drive/备忘录/WPS手机端/旧笔记本电脑硬盘

4．按空间整理，需要保留的资料分类保存在文件夹里：

收藏类文章、资料

音频

视频

照片

文字资料

我自己整理的时候，从最开始整理，到不放弃任何一个空闲时间，快一个月了才有点眉目。第一次整理参照物理流通方法，基本就是机械操作，不要就删；要就中转。

其间旧笔记本电脑因老化直接黑屏打不开，我也没去维修，直接就把这一部分资料跳过。虽没有整理，却没有那种似乎会遗漏重要资料的焦虑，反而如释重负。

整理的过程很繁重，有时一整天都窝在电脑前删资料，腰酸背痛，眼花缭乱，真想一键全删。当时做不了决定的资料，我也专门建立文件夹，设立待定区，等待后期第二遍、第三遍整理。

感悟总是有的，但最大的感悟是全部删掉也无妨。世界不会崩塌，重要机密的电子资料几乎没有，即使有，也非常少。于是，整个整理过程几乎就是删的过程，如同把大量物品清出屋外、露出大量地面一样神奇。

很多资料其实基本可以忽略，已经过了时效性或你早已忘记了，就像物理流通中的功能丧失，可以选择批量删除，或者直接注销账号。

有的网站提供回收站功能，删除的资料其实还在回收站里，如果想要永久删除，找到该回收站继续删。

最终整理完，删除了99%的电子资料。这个时候就可以给所有资料分类管理，建立起自己的知识（资料）树或打造学习工作台，方便搜索查找。

后期的学习就是让这棵树不断开枝散叶，茁壮成长。

## 第三节 为什么你总是流通不了？

### 没有那件物品，生活真的无法进行下去吗？

害怕失去或流通某物生活会出现各种不便，甚至陷入崩溃的担忧，我也曾有过。

因为生活、工作对Mac重度依赖，在我的物品清单中，Mac排在我的重要物品前三。有一天Mac自动黑屏。当维修人员告诉我，返厂维修大概需要7天时间时，我都想在大厅里咆哮了。那时我觉得，7天已经是我的极限了。

但实际上这次维修，持续了将近一个多月。在Mac最初送修的将近10天里，有如下感受：

1. 曾经看到别人笔记本电脑一修就是十天半个月，心想天啊！这种事要是发生在我身上肯定不行，目前为止也还好；

2. 必须使用电脑时，先把事情列清楚，借用时迅速完成；效率很高；

3. 至少短期内提高了与人的链接（借）；

4. 那些敝帚自珍的资料，没有了重做，做得更好；

5. 如果Mac回来，我会用它做什么？之前都用它来做什么？

在最低需求物品清单中，除了Mac，手机也排在前三。因为暂时没有Mac，人没有在线状态，加上手机也经常静音几个小时，会有点惶恐。

突然某本书上的一句话跃入脑海："如果这是上天的安排，那它为什么要这么安排？"其实那阵子我整个人的工作状态非常差，潜意识里渴望休息，而Mac似乎听到了来自我内心的渴望。

维修的那段时间，我的确从远离网络中感到轻松和快乐。曾经难以想象没有Mac的日子，生活工作与外部世界如何链接；真正没有了它，的确非常不方便，很多需要做的资料也因此耽搁下来，但担心的崩溃没有发生。

更何况，更多时候我们所需要做抉择流通与否的那些物品，它们在你生活中的位置远远谈不上重要。

没有那件物品，绝大部分时候你的生活不会崩溃；如果一件物品已经重要到失去会让你的生活崩溃，首先你也不会如此犹豫纠结要不要流通。

没有那件物品，你的生活也永远不会停止，说不定会重构，遇见新的可能性。

## 算过吗，你的书什么时候看完？

书籍流通不了，但你算过自己的书什么时候看完吗？

以前不明就里，看到标题“如何在百忙之中一年读100本或200本书”时，很是佩服。后来看到一位“一年读了100本书”的牛人分享了他的方法，瞠目结舌。

原来他把自己在火车上胡乱翻完、看完目录或部分章节就知道对自己无用之类的数量也算在这100本里了。

我自己读书的速度真的非常慢。当然这里的“读书”，读的是自己真正想读的书，看完全本，也许还要做点笔记、摘抄或写点感想。

大概测算了下，每小时我能看完不到30面（15页）。假设一本普通书200面（100页），看完一本书大概需要7～8小时。

如果每天我能匀出2小时，那看完一本书需要4天。一年大概可以看完90来本书。

实际情况是，不是每本书我都会全部看完，也不是每本书都那么厚，但也许有的更厚，我不能保证始终专注、每天有2小时、全年无休……

更不用说，也许买来的书，整整一个月了，或更长时间都没翻过。

所以，如果你不是学者，不是专职读书，不是有大把时间，不是嗜书如命，不能一目十行并过目不忘，即使你用上洪荒之力，加上各种超快速阅读法、拆书法，一年能看完40~50

本已经非常厉害。

这里的“读书”，依旧指的是真正的阅读。现在，除了单一领域内的纸质书我会逐本看完，其他书籍早就改用别的方式了，最多的是听书。那些堆积多年看完或没看完的书，打算以后有时间（退休）再看的书，都一一流通了。

知道自己不能，才能把时间花在真正想看的书上。

不如你也算算自己目前为止书库里的书，多长时间能看完，也许流通起来会更有底。

## 一次都没用过，为什么要留着？

每次有人在整理群里分享流通走的物品时，不拘多少，总会补上一句：

一次都没用过。

就用过一次。

N年没用了。

都忘了。

这次真的下决心了。

不知道为什么还留着。

5年没用过了。等退休有时间，我要用起来。

……

有时候好像很多物品从开始就注定了结局。

最开始没有穿的衣服，最开始几乎不会去用的家电，最开始惦记了好久、总计划看却没看的书，最开始买来打算更新菜单却一直没想着去做的食物，最开始就不知道做什么用的纸箱，最开始就没地方用的盒子袋子包包……经过了一段时间，终于还是从家里被清出去。

生活到了一定阶段，好像总穿的、总吃的、总用的、总看的、总听的、总喜欢的、总来往的、总接触的就那么几样，会固定下来。

时间和精力都被已固定的生活分配完了，再要匀出去分给别的，除非是重新适应的真爱或改变了品位、生活方式，不然，那些与固定生活无关的物品，再难重返你的日常。

就拿咖啡机来说，出乎我的意料，不知何时成了好多家庭的标配。但一问，“闲置”也是它们共同的命运。如果你早餐里有咖啡、经常有喝咖啡的时间、招待客人多用咖啡而客人也多喝咖啡、经常需要咖啡提神等，那咖啡机会成为你的亲密伙伴。

但，实际上你的早餐经常在外面解决，根本没有时间冲咖啡、洗咖啡机，也没什么客人来，也无须咖啡提神来熬夜，也没闲心与闲暇喝个下午茶……你的日常习惯、生活方式里根本就没有“咖啡机”存在的场景。

对那些都没用过却一直留着的物品，最近发现好多人的想法是：退休时我就会有大把时间，到时肯定全都能用上。

虽然我还没到考虑退休生活的时候，最开始听大家这么说，至少觉得退休生活丰富多彩，值得期待。

后面越想越不对，好像在哪里听过类似的话。

等毕业就……

等有钱就……

等放假就……

等有时间就……

等这段时间过了就……

等买房了就……

凡是落入“等”命运的物品，最终都不会再进入我们的日常生活。大部分人，比如我，都在太多等待的事情上浪费了太多的时间精力钱财，人也好，事也好，物也好，人生不知不觉变成浪费的旋律。

对你来讲日常需要和真正重要的物品，不会一次都没用过。物品流通时，把这一条慎重考虑进去吧。

## 弃之可惜，卖之不值，各种包装袋到底该怎么办？

我的垃圾袋一般有这么几个来源：快递外包装，如果是袋子，我会放在厨房水槽台面并靠近窗台的位置；如果是纸箱，就直接放在地上。超市买菜的白色塑料袋，没有异味，我会把干净的折叠好，也是放在厨房水槽台面上。购物时的手提袋，外形漂亮、结实，甚至有设计感的，偶尔会留两三个大小不一的备用，其余的基本也是拿来装垃圾了。

总之，凡是可以用来装东西，而我基本不需要的打算流通的外包装，都可以用作垃圾袋。甚至有时候，有一些非常好看漂亮的盒子，实在没什么用处，也拿来装小件垃圾，扔的时候还认真盖上盖子。

当然在这之前，购买时能不要包装的就尽量不要。只有以上几种来源用完了，我才会用“正牌”垃圾袋。

最开始拿漂亮的手提袋作为垃圾袋，也会觉得浪费，甚至有一种暴殄天物的愧疚。如果是品牌类包装的手提袋、盒子，质地、色彩、外形、图案等都是经过精心设计的，如此对待，大概设计师宁愿自己销毁了也不会这样做吧。

尽管如此，一不小心，外包装手提袋就堆积如山，尤其是春节过后，除了地上的鞭炮烟花纸屑，还有家里堆积的各种袋子、纸箱。买衣服的袋子、买鞋的盒子、水果纸箱、礼品盒、糖果盒……能改作收纳盒、收纳袋，又适合现有的收纳空间、颜值过得去又不影响视觉美感的毕竟是少数。

无用武之地，不想保留，弃之可惜，卖之不值，又不想流通了之的各种袋子，不如就做垃圾袋。虽然“屈才”，总比不停地塞在空间里当“废物”强。

## 别忘了把大件家具也纳入流通范围之内

流通衣物、书籍、电器等小件物品比较普遍，但如果某些大件物品占据了家里很大面积和空间，但使用率非常低甚至根本不需要，你会考虑流通吗？

我最近发现，在很多人家里，桌椅沙发有两套。整理完，大件衣柜也空余出一两个；因为家中常住人口减少，床和配套用品也多了出来。

曾有一次上门，我看到客户不大的客厅里，摆放着很大一块孩子的玩具垫，玩具垫旁边是一张学习桌；正中间又有一张很大的茶几，一组L形沙发，沙发对面靠墙位置还有一套厚重的联邦椅，留给人走路活动的空间很小。

“家里客厅平常人多吗？”

“不多，就我们一家看看电视什么的。”

“沙发或联邦椅好像重复了，空间都被挤占了……”

“这也要扔？怎么行，都是值钱东西。再说，也是家具啊！”

这些物品常年就这么放着，似乎很少有人会把它们与流通这件事结合起来。因为在我们的观念里，小件物品流通性比较强，但大件物品买来似乎就是为了用几十年，甚至一辈子，“再说，是家具啊！”

在《极简主义》这本书里，作者走上极简主义之路后，处理了大量物品，包括房子。那是一栋豪宅，房间的数量多于居住其中的人口，他就把自己的大房子卖了，搬进一间小公寓，一间足够自己居住、活动的小公寓——一个人所需的居住占地面积的确不需要很大。

连房子这么大件的资产都可以流通、更换，打开了我对流通范畴的认知。当然并不是说就要做一个极简主义者，把房子卖掉，把物品统统送走，而是在对待大件物品上，这个例子能给我们一些启发：房子和大件物品也在流通范畴之内。

看日剧《我的家里空无一物》时，是第一次知道有个名词叫“扔东西K点”。

“扔东西K点”，类似于一个心理门槛。当你终于流通了某件一直以来下不了决心、犹豫了很长一段时间的物品后，可能你就跨越了物品执念的某个门槛，通俗点来讲，就是提高了“段位”。

很多初入整理者，脑袋中第一个闪出的念头就是：我真的流通不了！

尝试着一件、两三件……十几件、几十件流通以后，蓦然回首，发现身边已然被自己整理出一圈可以畅快呼吸的空地。

享受自由过后，就再也不愿回去最初的状态，久而久之，跨越了一个又一个K点。

但大件家具的流通，仍然是大部分人几乎想不到、做不到的。大件桌椅、沙发、床、书架及其他，因为体积大，可以充盈家里的空间。突然空出来一大块，家里就真的空荡荡了。

但当你真正流通了这些不需要的家具后，会有怎样新的体验？有一位学员流通了家里的沙发，很是惊喜！她的感受居然是：重返20岁！

所以，也并不是做不到，而是重新给自己树立一个观念：过多、不是必需、不重要的物品，哪怕体积再大，只要不再使用，占用空间，或已经超出你的负荷和维护能力，也是可以流通的。

流通与物品的体积无关，只与人的需求有关：你会不会再使用它。

## 流通是对时间、空间和自身有限资源价值的重新认识

一位伙伴分享自己的整理，当他把自己的整理分享出去时，我觉得评论里有一句说得特别好：好几万一平方米的房子不能用来装一平方米几块钱的东西，太不值了！

一线城市的房价已经是高不可攀，即使在二三线小城市、乡镇、房价没那么高，但在物价飞涨的今天，建房所需的水泥、建材、人工也早已翻了好几倍。

时代发展使然，对我们而言，最稀缺的就是时间和空间。在百万、千万级别的房子里，居然还留着早已不再使用的5年前、10年前的旧物，居住者对空间和物质的价值是如何衡量的？耗费时间精力或许也有早已不要又不做纪念、毫不值钱的物品，又如何衡量自身有限资源的价值呢？在这样寸土寸金的空间中，有时候需要自问：我们对房子、物品和自身价值的认识，是同步的，还是滞后的？

流通本身，就是对时间、空间和自我有限资源价值的重新认识。

## 在物品流通这件事上，根本没你想象的那么困难

有些人会用“恋物”这个理由，告诉自己：流通，我真的做不到啊！实际上，这些人，有时太高估自己，但同时又太低估自己。

所有关于流通的困难，一旦开始整理，就会迎刃而解。区

别只在于这个过程所花的时间，从一个不要的纸盒开始，从一些过期的药品开始，从一种变质的食物开始，从一件起球变形的衣服开始，从一条已经不能再用的数据线开始……

或早或晚，流通时所谓的困难，即使坚硬如石头，在整理的过程中，都会逐渐慢慢瓦解。

面对物品的时候，我们常常以为，无论如何都流通不了一些物品，忘却一些回忆，斩断一些情愫，减掉一些欲望。

可实际是，只要开启整理，你就能慢慢自己想开，不断调整整理的正确姿态，专注当下，朝向未来。

## 物品的临界点，决定了你是否成为物质的主人

简单生活对于大部分人来说，都是一种奢侈的生活。所谓简单，就是不随便接纳，就意味着在生活中必须做一个主动者：主动思考，主动选择，主动拒绝。但是一部分人早已开始过上简单生活。

有些人放弃了过多的家具、衣物、书籍、报纸、电器；有些人从大房子搬进小公寓；还有些人从网络着手，限制浏览网页和查看社交软件的时间，希望更专注于当下的事情。

有些人放弃购买那些看起来让自己很有面子的东西，如豪车、奢侈品。那些因豪车奢侈品才对他们产生好感的人，不值得花时间。

有些人减少在外吃饭的次数、减少自己的活动和承诺、减少开车、购买更新鲜的有机食品，购买节约空间而且拯救树木

的电子书，自己带购物袋，并减少购买包装过度的物品。也有很多人为了环保开启零垃圾生活。

当然，还有远离广告。

你当然不必和他们一样做到如此流通程度，也许你只需要从简单的物品整理入手，从不怎么纠结的物品流通做起。你也不可能在一天之内或一周之内就精确地知道自己需要什么，不需要什么。除了你会发现自己的物品真的比想象的还要多，还有很多理念、习惯需要重建和改变。

但有一点，是所有人在流通时都应该思考的：物质对生活的改善有一个临界点。超过这个点，物质就开始成为我们的主人。你的点在哪里？

流通不了的时候，请再主动一点，或许答案就有了。

## 一个悲伤的流通数据

今天整理全屋时，把待定区的物品全部流通了。

有衣服、窗帘、抽屉、路由器、简易落地架、两张小方桌。

在待定区放了半年多。

记得有一期训练营，学员当天流通了两大箱子物品。那种透明带盖子的大收纳箱。一问，她说自己极其擅长收纳，所以家里到处都塞满了东西。

那两箱物品具体是什么她并没有细看，而是直接倒出来流通了。

在日剧《我的家里空无一物》第二集菊池和真美的喝茶时间里，两个人讨论如何处理那些很难流通的物品。

真美说先保持距离看看，设立类似待定区的缓冲地带；而菊池却一针见血地说：“一旦想要保持距离，那就是结束了啊。”

从我自己和学员分享或者客户反馈，进入待定区的物品，90%的可能性是直接流通。

这个数据其实有点悲伤。

很多时候，那些被我放进待定区的物品，只是因为长期闲置或当下的生活里不需要，其本身并无任何问题。

放入待定区的那一刻，我的想法就是，“还挺好的，有朝一日我会再用的”。

有好几次，我把放在待定区的物品拿出来，打算重新使用。

但最后还是以流通终结。

没有细问其他人把物品拿出来重新使用是什么原因，但就我自己，并不是真的欠缺，不舍和觉得浪费的心理占了大半。

因为不是真正欠缺，使用频率就会很低，以至于忘了去使用。

在不舍和留恋中接受了“一旦开始保持距离就是结束”的事实。

但是不是设立待定区就毫无意义？也并不是。真美说得对，对待难流通的物品，每个人都需要有一个缓冲地带。

只有在缓冲地带里，充分想明白想清楚了，诸如不舍、浪费等的情感在设定期限内一丝一缕地慢慢释放出来，最后做出的决定才真正发自内心。

而说起来奇怪，这种反复、缓冲的方式却使得最后的流通更加彻底和决绝。

虽然待定区可以缓解你流通时的焦虑和不安，但今天分享的结论，即“进入待定区的物品90%的可能性是直接流通”，是能够直接帮你战胜焦虑和不安，提高你的决断力。

## 第四章

# 收纳，给物品安一个家的过程

## 第一节　完美的收纳系统，使每个物品都有它自己的家

### 散乱的物品，会让你的家看起来像临时旅馆

有一次去客户家，进门后我发现在她家的沙发上、桌子上、地面上堆满了物品，很多标签、外包装、纸箱都还在，储物间里都是大大小小的行李箱。我以为是刚搬的新家，但她回答说不是，其实那些纸箱是她作为收纳箱使用的。

我有个朋友说她的习惯就是出差每到一个酒店，必定把所有的物品从行李箱中拿出来，挂好、摆好，这样才会有家的感觉。

长住的房间里，物品却塞在纸箱里，没有自己的位置，陌生而客套；即使短暂停留，也要把自己的物品好好摆放，充满生活的气息。

我一直认为，用纸箱来收纳非常不合适，它们只是打包、存储和搬运物品时的工具。物品在家里没有自己的固定位置，收纳做得很“临时”，家的气息微弱而涣散，或许会让我们有一种“无家”的感觉。

从现在开始，请把物品从纸箱里，从堆积、混乱的状态中解放出来，认真地挂起来、摆出来、展示出来，给物品好好安一个家，空间里流动着的会是物品散发出来的安定的气息，这样家的感觉就有了。

## 什么是收纳?

收纳就是给物品安家的过程。

给物品安家，就不只是胡乱塞进去，还要综合考虑物品属性：怕不怕潮，会不会容易皱，起球变形褪色，互相之间会不会染色串味，是不是易碎，需不需要避光，能不能敞开，等等。

人或者动物居住在不一样的空间中，所呈现出来的状态就会带着空间状态的痕迹。居住在脏乱差和居住在非常干净整洁的环境当中，所呈现出来的精神状态和言行举止都是不一样的。物品亦是如此。

不同的收纳场所，物品所呈现出来的状态跟光泽是不一样的。最适宜的收纳，就是要让物品呈现出最好的状态，让它更好地为主人服务。

最典型也最有争议的收纳例子莫过于，你会把鞋子收纳在衣橱里吗？大部分人是不赞同的，衣橱是封闭空间，鞋子很脏也有异味，放到衣橱中，实际上是一件挺不卫生和让人费解的事情。

但肯定会有人把鞋子放在衣橱中，和放在玄关甚至堆放在地上不一样的是，放在衣橱里的鞋子，对它们的护理和保养会更精心。选择把鞋子放在衣橱中，换下鞋子后肯定需要先把鞋子晾干去味，用护理油擦拭保养后，再用鞋盒装好收纳进衣橱。

和堆放在地上的鞋子相比，收纳在衣橱里的鞋子一定更干净，也更有光泽。问题就在于你如何选择，想让物品呈现出什么样的状态，自己能够给物品分配多少时间精力？这个选择取决于主人对物品的态度。你希望物品达到什么样的状态，就要根据你所设想的来安排物品的具体收纳场所。

鞋子无论放在地上、鞋柜或衣橱中，都是可以的。最重要的是你希望回家鞋子一脱随便放就可以了，还是会把鞋子当作可以给你带来美丽自信、提升形象气质不可或缺的搭档呢？

不一样的心态和态度，鞋子的收纳场所和状态就不一样。也有很多人会专门在衣帽间给鞋子做展示柜，他们对鞋子的喜好和重视程度更高于常人。

很多人喜欢厨房台面无物，厨房的台面什么东西都不放，每天会用到的调味料瓶瓶罐罐等都收纳在抽屉当中。虽然每次做饭的时候多一个动作，需要把调味料从抽屉中拿出来，但这样收纳可以让瓶瓶罐罐远离灰尘油垢，减少打扫的次数，也让整个厨房更清爽，打扫更方便。

台面无物就是你希望保持厨房清爽、物品远离油烟的状态，从而给物品选择抽屉这样一种远离油烟的收纳位置。

**收纳的最终目的都是让物品为主人提供更好的服务。**物品如何为主人提供更好的服务？就取决于物品所呈现出来的状态。物品状态好，使用起来就得心应手，给我们的日常使用加分，体验更美好；物品状态不好，生锈了、潮了、皱了、变形了、串味了、碎了，不仅使用体验不好，也会影响心情和外在形象。

用给物品安家的心态来安排收纳，实际上就是你对自己日常的极其重视。

### 升级你的收纳，从有序开始！

日升月落，斗转星移，春种夏长，秋收冬藏，大自然最讲究有序，亘古不变。有序才能稳定，才能生生不息。物品的收纳，也可以先从有序开始。寻找物品内在的相关处，有序收纳，不仅方便定位拿取，美感也瞬息而来，这是美好而治愈的感觉。

抽屉里的物品，找到它们的内在联系，由内往外、从左到右，尽量收纳有序，这样一来就能够在脑海中营造出一种从容和掌控感。

衣服的收纳采取浅色在前、深色在后的顺序；化妆品按照高低排列；餐具有间距地排开……长短、高低、颜色、形状、间距、横竖、功能、使用者，都可以是它们之间相关的连接。

整理物品时，认真审视它们，你会突然发现那些日常看来稀松平常的物品之间，有如此多的相似之处。这几件比较长，这几件比较短，那几件最短；它们几个都是黑色系／红色系／橙色系，可以互相靠近收纳；有圆形、长方形、不规则形状，同类堆叠摆放应该更省空间吧；把一切能立起来的立起来，这就是竖着收纳了……

讲究物品有序收纳的人比常人更有秩序感，似乎大部分也都比较自律，也渴望更有序的周遭环境和外在世界。他们比常人更善于发现物品之间的相似之处与内在联系，进而收纳成最适合自己使用的状态。

同样都是物品，在同一个收纳空间，随意放进去是一种状态，寻求它们的内在联系进而有序摆放又是另外一种状态。这种能力的确需要锻炼；锻炼反过来又增加你对自己物品的了解和审视。

在我看来，毋庸置疑的是，物品的收纳应该从发现它们之间的内在联系开始，有序收纳。如果你总感觉整理完还欠缺点什么，不如从收纳的有序入手。

## 打造可以定位搜索的收纳系统

在有序收纳的基础上，最终所要完善和打造的是一个完美的收纳系统，可循环、系统、科学、可持续……在这个收纳系统中，每个物品都有自己的固定位置，在这个固定位置，物品被好好对待，呈现出自己最好的状态。每次使用完物品，物品能够归回原处，实现不复乱。

给物品固定位置一定要做到极致，细分到不能再细分，连一张纸片都要认真安排位置。让物品在这个完美收纳系统里可以定位，需要时可以随时拿出来，不用到处翻找。

就如同只要掌握了国别、省、市、县、区、街道的门牌号，这个地球上的任何一个角落，你都可以从地图导航系统上面找到。收纳系统的原理跟地图导航是一样的，只要在最开始收纳时做到规划分区，有序收纳，细节到哪个收纳柜、收纳筐收纳了哪些物品，就等于在家中打造了一个可定位的收纳系统。

**一个完美的收纳系统，随时定位找东西很快捷，随时定位归位物品也更容易实现。**

当你逐步在家中完善了物品的收纳系统，所能体会的美好是前所未有的。家中所有物品收纳有序整齐，有哪些物品、某一类物品有多少数量都清晰可控。因为物品已经有自己的固定位置，拿取归还物品时也变得非常高效，更加节约时间、精力。

家里的家务量减轻了，自然而然也能空出更多闲暇时间去做自己想做的事情，哪怕只是发发呆、听听音乐，休憩一下，我觉得也是非常好的。

一个完美的收纳系统所带来的美好体验还不止于此。也许你会收到更多夸赞，来自你的家人、朋友、同事，甚至不认识的陌生人。物品收纳有序、清晰明了，空间干净整洁，人会开始自信有底气，向美好的事物靠近，还会想要变得更好更美。

## 第二节　收纳的十字原则

收纳十字原则指的是至简、竖立、集中、统一、放空。虽然只有短短10个字，但包含了非常多的内容。只要在收纳过程中认真细致地做好这10个字，这个收纳系统一定会非常完美。

### 至简

至简，就是收纳要做到最简单。首先需要做到的是收纳简单，无须太多的收纳技巧或诀窍，拿取的时候能够特别方便、一步到位。

固定的收纳空间收纳的物品要适量、适当。即使改变收纳方式、增加收纳工具进行扩容，固定的收纳空间所能收纳的量还是有上限的，所以不要超过这个量。如果塞得整个空间都要爆满，取放就很不方便。

收纳所使用的工具也要简单。最简单方便、适应性广的收纳工具首选方形的收纳工具，这种形状最实用也最节约空间。

使用收纳筐收纳常用物品，可以不带盖子。一旦带了盖子，既看不清里边的具体物品，拿和放的步骤也会增加，非常烦琐。

至简的收纳，最好在拿取物品、放回原处时，一个步骤就可以完成。尤其是高频使用物品，随时可拿取，随时可归位。低频使用或换季物品也最多不超过三步。

人其实都是很懒的，如果拿取归位需要三个步骤或以上，就会因为不方便而避免使用，慢慢地，这个物品就被遗忘了。有一位学员分享自己的吸尘器收纳在储藏间里，平常都会拿出来用，但冬天时在储藏间门口放了一盆花，每次拿吸尘器还要腾挪这盆花，结果一冬天都没用过吸尘器，就是嫌麻烦，干脆就不用了。

收纳的空间也应尽量集中而简单。家里收纳空间在规划时要尽量分区集中，找东西时可以直接到这类物品集中收纳区。可能很多人家里各种拐角空间全都塞满了物品，看似充分利用家里的每一个犄角旮旯，但直接导致的结果就是物品收纳非常散乱，东一堆、西一撮，需要物品时像寻宝似的在家中到处翻找，反倒不利于维持。

总之，至简就是要收纳简单、物品适量、工具简单、收纳空间简单、一步取放。好的收纳是去繁就简，只要某一类物品经常无法归位、散乱各处，也许首要思考的并不是家里人不配合保持，而是物品本身的收纳太“不简单”导致的，这时候就需要想办法优化了。

简单才是最高效的，这是保持家中物品不复乱最重要的准则。

## 警惕陷入收纳困境!

收纳一定要至简，不要把收纳本身复杂化而陷入收纳困境!

初学整理，你会看到收纳书籍介绍的收纳诀窍。这些收纳好文告诉你这个角落可以这样创意收纳，那边拐角可以如何利用起来。

人都有一种天生本能，总能慢慢地就把身边的收纳空间填满、挤爆，然后又开始叹息空间不够，我们家太小，有什么收纳妙招来拯救啊！到头来，塞得更多，拿取更不便利。

整理原本就是给生活做减法，如果过多追求收纳，恨不得填满或榨干家里每一寸空间，不留白、不放空，那其实收纳本身就需要先整理。

总之就是：不要陷入收纳困境。

这并不是否定当我们真的空间不够时，不需要思考收纳诀窍，而是说：不要一味地想要追求收纳空间无限大、收纳工具无限多，而忽略了整理物品本身。只有当你完成物品整理，再根据整理完留下的物品考虑收纳，或增加购买合适的收纳工具。

收纳应该是所有物品整理完后的步骤。这样做的好处是：防止出现物品无限多，使自己拥有的物品数量始终处于可控的状态。

如果还没完成物品整理就考虑购买各式各样的工具，要么永远都不够，要么买来的收纳用品不仅不能解决问题，还因为本身体积大占用空间而更显拥挤。

整理收纳完，收纳工具、收纳空间如果还有剩余，优先把所有固定的收纳空间用完；多出来的收纳工具可以暂且收起来，过一段时间还用不到就考虑流通。

这样才能慢慢达到精简物品、保持干净整洁有序的整理境界；而不是需要无限收纳。

那种费尽心思想出的收纳方法本身就在增加居住者的负担，除了刚完成后会给自己带来成就感，让自己感到满足之外，对于后续的使用和保持，不太实用。

收纳和整理的关系是这样的：先整理物品再考虑收纳，而不是先收纳却影响整理。收纳最好做到极简，无须过多思考复杂的技巧。

## 竖立

竖立收纳指的是，家中所有一切能竖立起来的或借辅助收纳工具能竖立起来的物品，都可以竖立起来收纳。通俗来讲，就是让它们站起来。

竖立收纳这个方法对大家来说并不陌生，最典型的就是书籍，但大部分人也就仅限于书籍竖立收纳。实际上，家里的衣服、书本、文具、工具、锅具、碗盘、玩具等都可以竖立起来收纳。

和竖立收纳相对的是平铺收纳。这两种方法最大的不同是，平铺收纳时，物品是一层叠着一层，而竖立收纳时物品与物品之间是相互独立站着的。平铺收纳时因为上层物品对下层物品压力的关系，有些比较脆弱容易变形的物品就不建议铺太多层，最好是3~5层即可；竖立收纳就没有这个限制。

平铺收纳时，如果要从中间或下层拿物品时，再怎么注意也会打乱上面的收纳。最常见的就是衣服平铺收纳，从底下抽出一件，上边的全倒乱了，要是时间紧急，也无暇收拾。但竖立收纳时因为物品和物品之间是独立的，取放都不会打扰到周边物品，非常方便。从书架上拿书，直接把想要的书抽出来，不会影响到其他书。其他竖立收纳的物品取用时也是如此。

一般来讲，竖立收纳时我们会把面积较小的那一面朝下，这样不仅占地面积小，还可以更多利用垂直空间，节约大件物品平铺收纳需要占用的面积。

但想要让衣服、书本、文具、工具、锅具、碗盘、玩具甚至塑料袋等都能实现竖立收纳，需要一定的方法，有时候也需要借助能够竖立的辅助工具，如餐盘架、文件盒、书立等。

大学的时候，宿舍采取军事化管理，被子必须叠成豆腐块，边边角角都必须硬挺分明。虽然内心极度不愿意，但无数次实践下来，现在折叠任何东西都会养成部队式折叠步骤：铺开，先折成长方形，两边往中间内折一次，再对折。

让衣服竖立起来收纳的叠衣法——横、折、竖收叠衣法

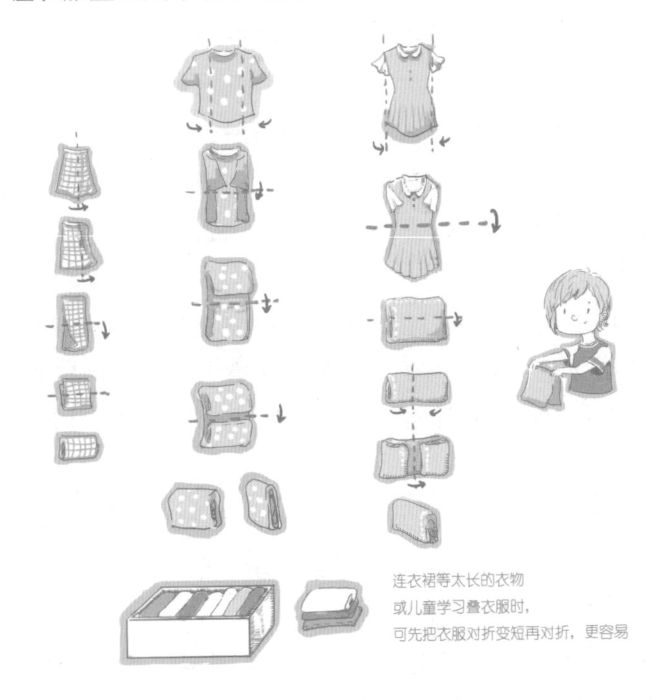


这和日式的折叠方法差不多。总的来说，非常简单，拆解步骤如下：

1. 铺开，用手掌捋平，背面朝上；

2. 边边角角掖进去，形成块状；

3. 从衣服尾部向上对折一次；

4. 再对折一次，就形成这样的长方形；

5. 两边从领口对齐的位置各内折一次，再对折，折好了！

这种方法，适合比较简单的上装或裤裙。折叠时尽量让衣服光滑的“脊背”朝外，收纳时，也要让衣服光滑的“脊背”和平整的侧面朝外，视觉上会更清爽。

记住六字要诀：

长方形

竖起来

长方形是指任何一件衣服拿过来，摊开，抚平，然后想尽任何办法把它折叠成长方形。

立起来是你所叠的长方形，能够立起来、站起来；这样就可以把它们直立收纳在抽屉里，好处就是增大容量，拿取的时候不会影响到其他衣服，重新收纳进去的时候空位还在。

当你拿出其中一件或两件时，其他衣服不会倒下，但空位还在，下次晾干折叠直接收纳进来。

任何折叠方法掌握要领即可，在实际折叠中，还要根据具体衣物的材质、薄厚、长短、是否有装饰物等调整方法。折叠时会产生多个折角，为了避免这些折角对衣服产生损伤，材质比较偏柔软的适合这种方法。如果是材质特别硬、全身都有亮片装饰、非常大件的外套、棉服等直接平铺收纳即可。

折叠时，衣服比较脆弱的地方如蕾丝边、亮片、蝴蝶结等，把它们折叠在衣服内部，起到保护作用。叠成长方形的衣服高度和宽度要和抽屉或其他收纳用品内侧高度差不多，以免抽屉抽拉时“卡顿”。第一次叠不好也没关系，多试几次就熟能生巧了。

如果是材质比较柔软的衣服，可以折叠成长方形条，然后卷起来，如果容易散开，借用分隔工具固定。

卷的方法也很简单，衣物拿过来，先想方设法折叠成长方形，然后就从最薄处开始卷到头。裤子、面料比较柔软无法直立的衣服（如雪纺、蕾丝）、毛巾、内裤、袜子等都可以卷。卷完的衣服物品，在收纳的时候，尽量一头朝外，方便辨认拿取而不影响全体整齐。

行李箱如果深度足够，可卷完直立收纳，节省空间，方便拿取。

拿取不便利、容易影响其他物品整齐时，试试竖立收纳，也许改变下收纳的方向，问题就迎刃而解了。

## 集中

**终结散乱，唯有集中。**除了相同属性和功能外，物品与物品之间总会有这样那样的关联，因此收纳时，同一类别的所有物品可以集中收纳；同一用途的物品，也可以集中收纳；同一个人的所有物品可以集中收纳；同一场合需要使用到的物品可以集中收纳。

按物品类别集中收纳，是家里收纳系统的基础。前期花大力气制作物品分类表、按照物品类别开启整理，最终目的也是整理完能够按物品类别进行收纳规划、分区，做到集中收纳。对某一类物品或相近同类物品集中收纳，最大的好处是分区明确，同类物品有多少量能使用多久一清二楚，既避免盲目地买买买，找寻也方便。

我有一个学员，每次逛超市遇到纸巾、牙膏等物品打折，必买。因为不知道家里的存货还有多少，日用品四处乱放，客厅有，玄关鞋柜有，卫生间还有。又觉得实在划算，反正这些物品都用得着，就买买买了。后来一集中盘点，才发现家里光是纸巾的量，就足够用两三年了。

虽然纸巾似乎很少过期，但堆放在家里太久，也容易受潮、发霉，容易引起皮肤过敏，并不健康。所以同类物品尽量集中收纳，清楚数量后，购买时也能心中有数。现在购物这么便利，也完全没必要囤积太多，占用家里有限的空间。

为了方便每个家庭成员管理自己的物品，同一个人的所有物品能够集中收纳的尽可能集中收纳，这样妈妈们就再也不用每天都要回答其他人的物品在哪个位置。给每个成员物品设立专属收纳区域，每个物品有自己的收纳位置，有需要时知道去哪里找；打扫收拾时，个人的物品也能自己整理，物归原处。

按人收纳以后，每个人的物品总量也便于控制。有一个规律，如果家里不同人的物品没有界限，总是混杂在一起，那么物品多的那个人后期物品会越来越多，不断侵占其他人的收纳空间，而物品少的那个人最后几乎没有自己的收纳空间，物品也会被挤到角落里去。

收纳时考虑到按人分区集中收纳、保持界限才是物品收纳系统亲密无间、自由呼吸、融为一体又各自独立的不二法则。

按人区分集中收纳的同时，也明确了不同人的收纳空间。物品太多、收纳空间不够的那个人，就要学会思考自己为什么物品越来越多，控制自己不断膨胀的物品总量。

收纳的最终是为了人拿取使用方便，所以后期还要考虑人对物品的使用场合和使用动态，继续进行收纳调整。

比如，对每个人而言，出门是一个高频场景，需要随身带的物品不一样，类别也不一样。在前期集中收纳中，不同类别的物品分别收纳在不同区域里，每次出门有可能要到好几个地方拿取，时间紧急的话，还容易丢三落四。

这时候就不要拘泥于物品类别了，把出门要带的高频率物品集中起来，统一收纳在一个地方，玄关或者就近的某一个区域，每次出门方便快速拿取所需物品，防止遗漏，高效出门。

如果出门所要带的物品在家居日常生活中也需要用到，那就没办法单独收纳起来，怎么办？没关系！可以写一张出门清单，每次出门照着清单拿取收拾就可以了！

我的出门清单也有两三种，一个是出门随便走走，手机加钥匙即可；如果是买菜、逛街，加上购物袋/手提袋、会员卡、购物清单；如果是工作或办事，看具体情况，笔记本电脑、充电器、设备转换接口、U盘、身份证、文件和文件袋等。护手霜、润唇膏、纸巾等也会随身携带。

而像充电器、护手霜、润唇膏、纸巾等都是每天的高频使用物品，每次使用完还要按类别分别收纳很浪费时间，拿来拿去的话一不小心就不知道放哪里了，找不到时既不方便又非常烦躁。像这类小物品可以准备两三份，按场景分别放一份，如家里常待的地方、外出的随身包、办公室里等，随时拿用。

为了提高学习、工作、完成日常家务事等的效率，可以把同一类用途的用品集中收纳。做手工所需要的剪刀和其他手工用品统一收纳，而小孩子在学习和作业过程中，可能会用到文具书本、工具书等，这类物品虽然属于不同属性，但属于同一用途，可以集中收纳。

总之，为了拿取便利和高效使用，根据日常起居或生活习惯微调物品收纳必不可少，这样家中的收纳系统才能更人性化，符合居住者的生活习惯。

集中收纳以后，物品有多少量、你的日常会有哪些生活场景、完成一件事情需要哪些流程、哪些物品，都会慢慢掌握，越来越清晰。这也是提高自我认识认知的过程。

找到散乱物品之间的联系，集中收纳和使用，从中发现自己的日常和生活轨迹。原来我这类物品有这么多，平常最喜欢做的事情原来是这个，完成做饭、出门的流程需要多长时间，哪件事情是花时间最多的，等等，事无巨细，但这就是自己的日常。

了解自己，不就是要了解最日常的那个自己，才最真实吗？

物品的集中收纳，就是要对自己的日常不断增加认识，完成有趣的自我探索。

## 统 一

统一指的是家中整体的颜色、收纳方法、各种物品材质风格、所使用的工具色调等，尽量做到统一协调。

很多人的家收拾得很整齐，但总感觉欠缺那么一点美感。即使物品摆放整齐了，由于颜色、形状、材质各不相同，会显得很跳、很乱、很杂，影响美感。

收纳工具最容易统一，工具上的统一，可以提升空间收纳容量；视觉上的统一，摒除杂乱信息对眼睛和人脑过多的干扰，主观来讲具有隐藏作用。量还是那些量，但给人的感觉会更加清爽，因而空间也会显得更大，并且颜值也提升了。

收纳工具统一的初步体验，可以从最不起眼的衣架开始！中国90%以上的家庭衣架大小、材质、颜色都非常不统一。如果你期待衣橱能有所改善，不妨试试统一衣架。

而最容易影响家居内部统一、和谐、美感的莫过于各种塑料袋、外包装、纸箱纸盒等。只要你还没整理过，稍微在家里转一圈，就会轻轻松松搜罗出几十个塑料袋、外包装、纸箱纸盒。或者你只要在厨房打开冰箱数一数，塑料袋的数量也很可观。

各种颜色、材质、大小、形状的塑料袋、外包装、纸箱纸盒，影响家里统一、和谐、美感的，该流通就流通了吧！

以上关于统一的两个小细节，非常简单易行，也很容易提升整理效果，是最适合你去体验统一所能带来的美感。

“统一”，不单指颜色，大小、形状、样式、质地都能带来视觉上的美感。服装店里的陈列，一溜过去都是同系列、同款，长度、形状、朝向一样，连悬挂间隙都一致，非常统一，呈现出几何上的美感。这种陈列美学也可以运用到家居生活里。

但日常生活涉及的物品方方面面，想要做到“不食人间烟火”般的统一，“臣妾做不到啊”！

既要居家颜值，又要统一之美，开始入门的难点还不在很难做到统一本身，而是最开始购入的物品已经遍布家里各个角落，重新置换，是一笔不小的开支。东西还能用，不太舍得的开支，想一想再想一想，作罢了。

不妨从小小的衣架入手。换上统一衣架，再按衣服收纳小技巧调整顺序、间隔，末了，再看衣橱，成就感马上就有了：真好看，真好看。

## 放空

家中所有可视范围之内能看得到的空间，台面、桌面、墙面、地板等，都是可视收纳空间，尽量放空。

放空在艺术上也叫作留白。一幅画，不画满，留白给你想象；装裱以后周边也会有非常大的空白；去美术馆、博物馆，那些展览的艺术品旁边也都会有大面积的留白。

卧室就是用来睡觉的，除了床，台面上、地面上最好别堆放太多物品。玄关台面、地面是出门、回家的过渡区，也是客人进门的第一印象，别当成杂物间，尽量放空。沙发椅子就是用来坐的，别随便什么东西都往上搭。电脑桌面就是用来临时办公、搜索导引的，资料还是放硬盘里，让桌面放空。电脑桌、书桌、餐桌顾名思义就是用来办公、学习、吃饭的地方，最好别堆满杂物，人使用时却只能窝在桌子一个小小的角落。

我见过把小行李箱放床头柜的场景，感觉非常沉重、拥挤、压抑。床头柜就是睡觉前放放书、眼镜、闹钟等随时用的小物件，最好别放其他物品。

小学时，我们都有值日的经验。当时让我最烦恼的是，每次打扫都要把椅子先倒扣在桌子上，打扫过程中还要不断挪动桌子，以防有死角。本来教室不大，就因为地面上都是桌腿椅子腿，打扫变得非常麻烦。着急回家的同学，直接胡乱挥几下就完事。

平常自己在打扫厨房台面、客厅桌面、卫生间洗漱台时，为了简便，都会把台面上的物品统统放进筐里，然后打扫完再放回来。物品占位，打扫挪位实在麻烦。

这时候你可以选择让能上墙的物品统统上墙，减少打扫过程中挪移的麻烦。厨房的调味料、刀具，卫生间的牙刷、牙膏、洗漱用品、拖把脸盆等都可以考虑上墙。

让可以上墙的物品上墙，打扫时无须挪位，省力又省时。对于户型较小的家庭来说，可以更充分利用垂直空间。把拖把、脸盆等挂起来，更有利于它们快速干燥，减少细菌滋生。

物品上墙以后，台面地面杂物少了，整个空间颜值也会提高。**这种收纳方法就叫台面无物，也是放空的一种**。所谓台面无物，指地面、厨房台面、客厅桌面、床上、书桌等一切外露台面，在使用完毕后，保持无物的状态。

那家里的东西都哪里去了呢？除了上墙，还可以进储物柜、进橱柜、进抽屉……用收纳工具收起来。无用的不再使用的物品，直接流通。

很多人会觉得台面无物非常麻烦，尤其东西全都收进柜子里，要用的时候又要全部拿出来，非常费时间。其实不然。

我在前面说了，台面无物的最大好处在于打扫方便。不局限于减少挪移，物品减少沾染灰尘和油烟等，不必经常擦拭。台面无物也会减少杂乱感，让整个空间更清爽。这种习惯开始时刻意保持一段时间，感受下，慢慢就会感觉良好，直接用这个方法开启收纳新里程吧！

居住空间不单单是我们睡觉休息的地方，它更是让我们放松、愉悦、给我们正能量的能量场所。在这个空间中，最重要的是居住者要拥有足够的伸展空间。

如果整个空间塞满物品，拥挤不堪，人居住其中，先不说给予我们治愈的正能量，相信连足够的活动空间都捉襟见肘。

有人会觉得家里本来就小、东西又多，即使不放空、不留白，都已经装不下了。这里需要思考的问题首先是：堆积不下的物品，是否都是已经整理过、适量必需重要的呢？

放空这一条准则可以用来检验家里物品的流动性是否良好，对待物品入口是否足够清醒和克制，而物品出口是否顺畅。

生活是动态的，物品在时间轴上总会有过期或者过时的时候。如果做不到流通，不需要、不再使用的物品依然堆积或无视，再大的房子也没有放空的余地。

想要在空间上和视觉上做到适当放空，或需要减少家中物品总量，或更换更大的居住空间。无论物品还是空间，最终呈现出来的状态都取决于人。

如果不改变人的生活习惯、生活方式，即使有更大的空间，物品也会不知不觉又塞满整个空间。根源就在于居住者本身的日常习惯、消费习惯、生活方式。

## 第三节　不得不做的收纳规划

### 空间的本质就是物品的家

从收纳的角度来说，空间的本质就是物品的家，而人只是空间和物品的使用者。空间收纳规划得当，物品收纳有序、呈现出最好的状态，才能更好地为人服务，人、空间、物品三者的关系才能更和谐。

对很多人来说，一说到空间规划，可能就是局限于对空间的布局进行规划，也就是对家里进行功能分区，卧室、客房、客厅、厨房、卫生间等。

但随着家庭的物品总量越来越多，规划时也应该把物品分区考虑进去，这就是收纳规划。所有的规划最终都是为了人在其中居住舒适自在，所以也要有流程规划，即所谓的动态规划。

## 建立尺寸数据库

收纳规划中，最重要的是尺寸。这个尺寸包含4个对象：人、空间、物品、工具。

在空间规划中，首先要了解自己身体的尺寸，身高、肩宽、臂长、手长、举手投足和行、走、坐、卧舒适的黄金区，然后再根据身体尺寸摆放家具、收纳物品。

人活动时所需要的空间大小，眼睛平视时的高度，双手高举所能够到的高度，下蹲能够到达的最低处，沙发与茶几间距多少才适合你舒服站起，家里台面一般多高适合你做饭、工作，这些量身定做的内容都需要对自己的身体尺寸非常清楚。

人与空间物品间隔舒适度的最佳尺寸也不一样。小巧、偏瘦的人，需要的过道间隔就会比较窄；较高偏壮的人，需要的过道间距就比较宽。记住人的身体尺寸，人活动时的尺寸，以及人与空间物品间距舒适度的最佳尺寸，有助于在功能分区、选择或定制家具的时候，真正满足我们的需求。

为什么有些空间让人觉得自在？答案是刚好的距离。为什么有些摆设让人觉得舒服？答案是刚好的距离。为什么有些地方使用过程不费力？答案也是刚好的距离。

空间、物品、工具三者的尺寸，它们的长、宽、高、厚度，外框长、宽、高，内壁长、宽、高，间隔多少等，在规划时都尽量考虑周到。尺寸的重要性不言而喻，它决定了你所购买的工具是不是得心应手，物品是不是刚好能放入收纳空间。

衣服叠多宽、多长、多高？要看抽屉的大小。收纳柜买多长、多宽、多高？要看放置位置的尺寸。收纳抽屉买多长、多宽、多高？要量准柜子的尺寸。家具买多长、多宽、多高？由客厅、餐厅、卧室的面积决定。

很多人在装修或整理收纳过程中，因为对尺寸没有事先了解，导致买来的洗衣机、冰箱、沙发、柜子等不符合空间的尺寸，买回来后根本放不下。也有人在完成衣橱整理以后，从网上买了收纳抽屉、百纳箱等，使用时发现抽屉或百纳箱要么不适合衣橱高度和进深，要么事先不清楚需要收纳的衣物类别和大小，买来的收纳抽屉或浅或深，还要重新退换，将就用着也会造成空间浪费。

人与人之间保持长久的良好关系，绝不是无时无刻亲密无间，而是合适的距离。高情商就是合适的分寸拿捏。《红楼梦》里公认的薛宝钗有气度、识大体，说到底也是在大家族固有的合适“尺寸”里，表达喜怒哀乐，不远不近的人情往来；不似林黛玉过度的放任和克制。分寸对了，人与人、人与事之间就圆润；尺寸对了，物与物之间就妥帖。

合适的尺度产生美。

为了避免因为尺寸不合适带来的麻烦尴尬，需要了解和测量自己的身体、居住空间、物品、工具等尺寸；也可以在纸上画出平面图，标志现有的空间、物品、工具尺寸和需要购买的相关物品和工具的尺寸及所需要的数量等，一目了然。

完成整理后，就可以直接根据这张平面图及购物清单，从网上或者实体店购买就可以，省心省力！

平面图、购物清单和整理计划、物品分类表功用一样，它能让你在收纳规划中做到更加心中有数，需要购买什么、多少数量，一目了然。

一次测量，终身受益。掌握了人、空间、物品、工具的尺寸，可以建立一个家中尺寸数据库。无论改造装修还是整理收纳，随时可用。

## 从易到难进行收纳规划

家中的不同空间，需要做不同的规划。大空间需要规划，即使一个小抽屉也需要规划。

对居住空间的规划，首先要熟悉房子的基本情况，熟知自己家里的平面图，面积、构造、朝向等，再把家中已有的收纳空间标志出来，根据生活动态和物品尺寸，就近设立收纳区。

尤其家中会有的大件物品，如吸尘器、行李箱、自行车、户外运动装备、婴儿车、轮椅、电风扇等，提前预留收纳空间，避免后期无处安放。

收纳空间的分区，可以先按照个人物品、公共物品、特殊物品等进行规划，最后再按照规划出来的收纳分区集中收纳物品。

收纳十字原则中的一个原则就是集中收纳，同一个人、同一个物品类别、同一场景、同一用途等，所以最开始的分区很重要。

如果一开始对家中收纳分区毫无头绪的话，也可以先按照二分法简单区分。比如，哪些要作为私人也就是个人收纳空间，哪些则要当作公共物品收纳区；哪些是黄金收纳区，要用来收纳常用物品，哪些收纳空间拿取不是很便利，要用来收纳不常用物品；为了空间的清爽，需要合理控制物品展示与隐藏收纳的比例，因此家中展示收纳空间不必太多，但隐藏收纳空间需要增加；如果家中常来客人，那么主人用物品与客人用物品就可以分开，收纳规划时也可以考虑进去。

完成家庭大空间收纳规划，只是整个空间收纳规划的一小步。真正决定空间收纳容量的，是小空间的规划，如储藏间、柜子、抽屉等。

很多人会直接把空间的收纳容量等同于空间的面积，实际上这是不太准确的。空间收纳容量的大小，取决于能否最大限度地减少收纳空间浪费，实现有序收纳；有效利用垂直空间，也可以增加收纳容量。

想要有序收纳，更好地利用垂直空间，让物品以更有序的摆放方式呈现出来，最关键的要用到各式各样的收纳工具。收纳工具的使用、不一样的物品收纳摆放方式也决定着空间收纳容量。很多柜子内部分隔非常不合理，收纳物品时不仅不方便，更会造成空间浪费。如果能合理地使用收纳工具，辅以更高效、有序的收纳方法，就能最大限度地减少收纳空间浪费，提升收纳容量。

适量合理的工具决定着收纳的最终效果和成败，物品能否固定位置也决定了后期能不能做到不复乱和物归原处，所以在所有家居用品中，最值得投资的就是收纳工具！

定期对不再使用物品的整理流通也至关重要。无须改变房间或房子大小，直接通过整理、收纳两个步骤，空间的收纳容量就可以提升50%，甚至更多，是不是很心动呢？

## 收纳规划时，要考虑物品的收纳顺序

虽说人人平等，但在一些生活场合，总要优先照顾人群中的“老弱病残孕”。特定人群在某些场合也有优先优惠，如排队时有军人窗口，是对维护国家安全人士的尊重和感谢；买票时，凭教师证有优惠，表示社会对教育的重视和对教育者的尊重。

物品收纳时，对某些特定物品，是不是也要优先考虑呢？比如，悬挂衣服时，根据悬挂空间，优先考虑体积较大、厚重、容易出现折痕，以及材质脆弱的衣物，而不是单单考虑某件衣服该如何收纳。

大衣、衬衫、连衣裙、丝绸品等需要优先利用悬挂空间。而牛仔裤这类无论怎样收纳都行的衣物，是挂还是折，取决于悬挂空间的剩余，一定是最后考虑的。

体积较大的物品，需要占用的收纳空间大、可变通性差，优先考虑；其次才是体积较小、可灵活收纳的物品。一个高压锅和一只水壶哪个更具变通性，一看便知。

又比如，某一类物品数量较多，收纳占比大，优先考虑收纳区，便于集中收纳时全部容纳。儿童玩具多于儿童书籍，就要优先考虑玩具收纳区，即便占用书架空间也无妨。

哪些物品又有特殊对待的优先权呢？娇贵的、脆弱的、贵重的、入口的，关乎身体发肤、卫生安全等物品，需要优先特殊考虑，哪怕单独设立收纳区也不为过。

如果看过近藤麻理惠的《怦然心动的人生整理魔法》的朋友一定会记得，近藤麻理惠对内衣、钱包、刀叉筷子等都会给予VIP待遇。

VIP，意味独立的、伸展的、郑重的诸如此类的收纳，也寄托了人的特殊情感。

就某个或某类物品来说，怎么收纳都可以；但要达到空间合理利用就需综合、组合。跳出原有功能收纳区的局限，以及某类物品单一的收纳方式，给某些物品收纳优先权，会让收纳更顺畅。

那又如何决定物品的收纳顺序呢？

在收纳物品的时候，第一需要考虑的是物品本身的属性，所适合的收纳场所和收纳方式是否灵活。

物品的尺寸大小决定了它们收纳场所的灵活度。尺寸越大，适合的收纳场所越单一。假如是为特定某个空间定制的，如床、洗衣机、冰箱、沙发、油烟机等，就必须放在家中已经设定的位置，这类物品必须优先收纳。相反尺寸较小的物品，收纳灵活度比较大的，可以靠后收纳。

**怕潮、怕晒、怕挤压、怕褪色染色、本身带有刺激性味道等都是物品本身的属性，收纳时也要考虑。**

决定收纳顺序第二需要考虑的是空间本身的结构，预先铺设的零部件线路、朝向、光线、通风、干湿区等，都决定了不

一样的物品收纳顺序。

决定收纳顺序第三需要考虑的是收纳工具。不一样的尺寸、材质、收纳特点的收纳工具所适合收纳的物品不一样。特意为某个空间定制的收纳工具，也决定了物品的收纳顺序和场所。

第四需要考虑的因素是人，物品使用频率的高低，给家庭成员特意定制和购买的物品、个人物品和公共物品等，这些都决定着收纳规划和物品收纳时的先后顺序。

综合下来，正确的收纳顺序是：首先考虑大尺寸物品，再考虑小尺寸物品；优先考虑比较脆弱、可变性差的物品，再考虑灵活性高、可变性强的物品。空间的收纳顺序，在脑海中把空间分成九宫格，从左到右按人分，从上到下按物品使用频率收纳，和人视线平行区可作为收纳黄金区，收纳使用频率高的物品，两边或上下收纳使用频率比较低的物品。个人物品尽量集中收纳在个人的房间内，公共物品收纳在公共区，方便共同使用和维护等。

无论收纳规划还是收纳顺序，最终都是为了居住者的舒适体验，有序、高效的收纳动态让空间和物品的融合更友好。

## 集中收纳：设立专门储物的收纳空间

衣服太多收纳不下的时候，我经常听到很多人的愿望是拥有一个衣帽间。所谓衣帽间，就是专门用来收纳衣服、配饰、包包等的独立空间。

除了衣服，家里是不是还有其他数量非常多、占位很大的物品却没有收纳场所？比如，霸占客厅一角的儿童玩具、挤满台面的厨房里的小家电、无处安放最后束之高阁的烘焙工具、手工爱好用品，还有很多大件物品如自行车、婴儿推车、行李箱、户外用品（野营、高尔夫、钓鱼、登山滑雪）等。

数量多、占位大的物品，原本就需要足够的收纳空间才能好好收纳，家里却没有预设适合它们的收纳地方。这种情况，哪怕再如何会整理会收纳，也无法解决收纳难题，最后只能堆积堆叠了。

很多人喜欢家里空无一物，以为空无一物就是家里物品极少，或几乎没有。空无一物的确需要物品的量能控制在足够适量，但并不完全强调物品要极少，关键是家里的收纳空间足够多，所有物品都能实现隐藏收纳。

厨房台面、洗手台、餐桌、客厅茶几、飘窗及整个地面上的物品不使用时，都能实现隐藏收纳。关上柜门，家里就像没有任何物品一样。

如果物品数量多、占位大，就要设置一个专门储物的地方，如专门的储物架、储物柜、储物区、储物间。这些物品有了收纳的空间，就不会堆积堆叠在台面上，占用操作空间和人的活动空间。

# 第四节　有美感的家，透露在这些收纳细节里

## 工具之美

家中所有用来收纳物品的都可以称作工具，大到储物柜、衣柜、橱柜、鞋柜，小到一个小小的分隔板。如果认真盘点家中的收纳工具，就会发现每个家庭中，收纳工具的面积在家里占了很大比例。工具本身的美感对家中颜值的影响就很重要。

因此在购买收纳工具时，就要有所选择和讲究。同一空间或局部工具的颜色、形状、材质和整个设计感跟空间尽量和谐统一，增加美感。

使用工具，也不是随便把东西塞进去就行了，还要考虑物品在收纳工具里面如何收纳摆放，分类、分格、固定位置、统一，既方便拿取，也具有一定美感。这是工具所带来的收纳效果之美，做到这些细节，整个空间看起来也会赏心悦目。

## 物品之美

我们现在居住的空间越来越小，但是拥有的物品却越来越多，多到超过居住空间的负载量，人居住其中的活动空间反而被压抑，过量的物品堆积堆叠，毫无美感。

在有限的空间内，拥有足够适量的物品，精心挑选少而好而精而美的物品，居住在这样的空间中，美感油然而生。就像博物馆和展览会，虽然空间里物品都很少，但每一件作品都非常精致。

很多人会问我，家中物品太少，生活会不会非常不便？实际上如果你仔细留意的话，会发现每个人每天所使用的物品不会超过家中物品总量的1%。即使三个月、半年，甚至一年，你所使用的物品也不会超过家中所有物品量的50%。

也就是说，没有整理过的物品，闲置的量要比我们想象的多得多，通常比我们会使用到的量要多出好几倍。既然这样，与其放着大量的长期闲置不用的物品占用我们有限的空间、时间、精力，不如通过整理留下那些虽然很少，但是很好又很精致实用、带有美感的物品，让自己居住其中，既舒适便利，又充满艺术氛围。

## 精练之美

包装过剩，是购物时最大的困扰。所谓精练之美，也就是去掉冗余，留下我们所需要的物品。

物品买回家，如果不是送礼、需要退换货的话，尽量把所有外包装，塑料袋、纸箱、衣服或物品上面的吊牌、标签等去掉。改造使用完的空瓶为了清爽，上面的贴牌图文信息也可以去掉。

如果外包装上标明的使用方法、保质期等信息对你很有用，不能去掉的时候，尽量选择隐藏收纳。

对我们而言，真正需要的是包装里面的内容，除此以外，不需要的冗余之物尽可以去掉。

## 几何与秩序之美

如果不看本身的类别和属性，仅从外表来看，物品与物品之间也会有这样那样的内在秩序。在局部收纳空间内，悬挂、摆放、折叠物品时，按照物品本身的长短、薄厚、颜色轻重、间隔、使用频率、主用还是客用、贵重与否等要素进行收纳，能呈现独有的几何与秩序之美。

几何与秩序之美，无处不在。大到宇宙星球之间的轨道、民族图腾，小到一片树叶上的纹路，所呈现出的几何秩序，都能让我们感受到美感。

按照物品的长短、薄厚、颜色轻重、间隔、使用频率等来收纳，因为收纳本身自带着收纳规则，也有利于使用者记住收纳位置，拿取便利，归位简单。

## 适量之美

固定的收纳空间，即使用了必要的收纳工具和合理的收纳摆放方法，所能容纳的物品量也有上限。所谓适量，就是收纳空间中所收纳的物品的数量应该适当。

以十分满为上限，封闭的收纳空间，如带门板的衣柜、橱柜，可以帮助物品收纳起到隐藏作用，收纳时可以满，但理想状态是九分满；看得见的封闭空间，如带玻璃柜门的酒柜、玻璃柜，这一类看得见的封闭空间，内部空间的收纳状态视线之内依旧能看到，更应该做到适量收纳。

家中所有裸露出来的台面或开放空间，地面、餐桌、茶几、床铺、飘窗、洗手台、厨房台面等，直接呈现在视野之内，它们的收纳状态直接影响家中美感。这些地方可以直接放空，或只摆放美的、好看的或有设计感的、超高频使用的物品即可。

对收纳容量加以控制，也是为了防止塞进更多物品导致的使用不便。想要适量收纳，物品收纳就不要堆积堆叠、多层收纳，使我们对所收纳的物品一目了然，哪件物品在哪个位置非常清晰。

因为柜子本身的高度、进深和物品尺寸大部分无法贴合，所以物品收纳经常会里外上下好几层，不仅拿取不便利，通常压在底部和柜子深处的物品就被遗忘了。适量收纳时，可以借助分隔工具，尽量实现一层收纳。

让进深收纳更方便，可以利用抽屉；利用柜子、房子的上层空间或垂直空间，可以增加置物架，适合台面、柜子、水槽、地面等的置物架非常容易买到，很多置物架间距也可以调整。

适量收纳，对空间对人都是一种压力的释放。

## 气味与气质之美

让人感觉愉悦和沉静的气味与气质，莫名有一种高级感。不同物品所散发出来的气味、气息，构成了物品的气质。如同不同人的气质给人不一样的交往体验一样，空间散发出不一样的气质，也会给你不一样的体验。

同一空间中的气味、气息有时候可以互融，但更多时候，散发出不同气味和气息的物品，最好分开或密闭收纳。

洋葱尤其是切开的洋葱和其他有刺激性味道的食物，假如放在冰箱里，要么单独密闭收纳，要么尽快吃完。长时间直接存放，会影响整个冰箱的味道，其他食物也会受影响。

玄关是家的第一站，如果一进门闻到的是令人愉悦的味道，那整个家的印象与运势也会跟着提升。但如果这里鞋子、杂物堆积，一进门扑鼻而来的异味可想而知。

让家里充满温馨舒适的味道，不必花很多钱营造，清新的空气、干净整洁的物品散发出舒服的阳光的味道，就令人心旷神怡了。

## 展示与隐藏之美

进入某个空间，视线之内看得到的物品收纳叫展示收纳，反之则是隐藏收纳。比如，玄关的鞋柜，摆放在柜子台面上的物品属于展示收纳，柜子里的物品如果不打开门板就看不到里边收纳的物品及收纳状态，属于隐藏收纳。

空间有限，如何平衡自己家中物品展示与隐藏收纳比例，既不影响视觉上的清爽，又不会给人毫无生气的感觉，这个比例把握很重要。

我认为家中物品收纳展示与隐藏的比例，最理想的是1：9，比较合理的是2：8，刚入门整理的话可以先做到3：7。

1：9的比例，很多人的第一反应是根本做不到或会让家里太空、没有生活气息。一个普通的没有整理过的三口之家，根据我的经验，家中物品数量至少在1万件以上。按照1：9换算，展示出来的物品有1000件。所以乍一看，1：9就是空无一物，但完全不会。

当然比较容易做到，也是合理的比例是2：8。很多人可能从来没完全计算过家中物品的总量，也没记录过每天我们会使用到的物品的量占家中物品总量的比重。一个普通的没有整理过的三口之家，家中物品总量1万件有可能还估少了；而我们每天或当下这段时间所用到的物品的量占家中物品总量比可能20%还不到。

所以2：8的比例，是将每天或当下高频使用的物品展示出来，暂时不用或季节性低频使用物品隐藏收纳，既不会影响日常生活的便利度，又节约了日常整理收拾不常用物品的家务量，同时还保证了空间的清爽。

但很多人在整理收纳完以后，哪怕能做到展示与隐藏收纳比例达到1：9的理想状态，视线内物品少了，摆放也很整齐，但整个空间看起来依然不美，为什么呢?

空间的美感，取决于物品本身和物品之间组合的美感。所以如果想要提升空间的美感，选择展示出来的物品时，一定要物品本身是好看的、美的或有设计感的。一箩筐待洗的衣服和一排书同时展示出来，哪个更好看？应该是书籍更能提升空间的气质和美感，因为书本身就给人好而美的感觉。

展示出来的物品除了尽量有装饰作用，也不能忽略日常使用方便。每天高频使用到的物品，虽然本身不怎么美，也不怎么好看，但因为使用频率特别高，隐藏收纳反而特别麻烦，加之这部分物品数量非常少，也可以适当摆放出来。

家中的遥控器、纸巾、烧水壶、充电器等都算是高频使用物品，但也因家庭而异。即使有理由展示收纳，也要尽量让它们呈现清爽状态。尤其是各种电线数据线，过长或很多电线集中在一处，也可以用束线带把多出的那部分固定住或用电线收纳盒统一收纳。

调味料有可能是厨房里使用频率比较高的物品，但我还是会选择隐藏收纳在灶台下边的拉篮里。调味料放在燃气灶旁边固然方便，但油烟灰尘也多，不勤快擦拭，很快就会污浊油腻。选择隐藏收纳，一个是为了减少厨房杂乱感，另一个也是为了干净清爽。

有两类物品，于人于己我觉得都应该隐藏收纳。第一个是隐私之物，日记、文件、生理计生用品等；第二个是安身立命之物，各种证件、合同、贵重物品，为了安全起见，还是隐藏收纳。

展示与隐藏的比例，除了会直接影响空间美感外，也是你对物品使用便利、打扫、维持空间干净整洁等家务的重新理解。

## 装饰之美

空间除了有收纳物品的实用性，实际上也需要适当的装饰物愉悦居住者，展示出主人的品位和精神寄托、向往。一个特别的、极具个性的装饰物，某种程度上就是居住者本身的喜好折射。

不是人人都擅长装饰，但永远不会错的装饰物有这么几类：第一类是书；第二类是绿植花草；第三类是照片，用相框镶起来摆放，或者做一面照片墙；第四类是挂画，哪怕是自己涂鸦或家里孩子的作品，经过装裱挂起来都挺好看的；第五类就是你的喜爱心动重要之物，适合展示出来的也可以摆放在家中的台面上。

最后，一定的放空与留白，阳光、和风、新鲜空气也算是家中天然的装饰物。

## 铺床这件小事

看过很多平常家庭里的床铺，有些明明已经收拾得非常板正，没有折痕，也不杂乱，但就是觉得缺少点美感。特别是夏天，厚被子收起来，只剩床单、薄被或毯子，看上去光秃秃的很单薄。反观家纺店、酒店、样板间的床就很心动。有些人会说这是床品本身的美感问题，这些场所使用的床品图案、面料质感等本身好看、上乘，当然要好看。

也不尽然。心仪的床品买回家，怎么也出不来图片上的效果，变成了“图片仅供参考”。

偶然间看到一篇关于如何铺床的文章，再重新仔细对比给人美感的家纺图片，才发现秘密就在于：铺床。

把床单抻直，被子可以全面积铺开，或在离床头恰当位置翻转过来；被子应有一定的下垂长度。很多人会觉得被子垂到地面不卫生，但至少应该遮挡住床底。

铺床中，枕头也是重头戏！早上起来，把枕头用力拍打几下，使里面的填充物蓬松，再摆在床头，也能让床更好看。

酒店里的床，常常堆叠至少4个枕头。普通家庭里的床一般只有一两个枕头，如果想要层次感，可以增加靠枕。

“铺床”也是一门学问，星级酒店的客房服务人员，是需要专门培训的，床头、床尾、床边等如何打扫，都有讲究。

就是买一床好看的床单，平整地铺开，对卧室来说也是一种装饰之美。

## 主人的爱惜之美

大多数人不用说整理，连干净整洁都算不上。

每天的垃圾扔了吗？定期擦拭灰尘了吗？抽屉、柜子、冰箱、桌上无用的衣物、物品整理出来处理了吗？用完东西物归原处了吗？随处乱扔的毛病改了吗？每天洗澡洗头了吗？衣物、被褥、鞋靴好好洗刷保养了吗？定期修理个人毛发、指甲，护理身体了吗？

有人的地方就有垃圾，人也是一种神奇的动物，每天会产生那么多无用之物。

不就是干净整洁吗？仔细回想一下，还真发现，单是做到干净整洁，就足以花费整理的几乎大部分时间。想要居家更清爽舒适，不如先从干净整洁开始！

无论人、车都需要护理保养才能呈现出最好的状态。日常生活中，居住空间和物品也需要主人定期清扫、擦拭、保养、晾晒、通风、防霉、驱虫等，才能保持干净整洁状态，人居住其中也能更舒适舒服。

在所有的物品中，有几类物品比较特殊，关乎身体发肤、健康运势、安身立命等。这几类物品我们可以给予特别收纳待遇。

第一类是贴身衣物。所有的贴身衣物都会和皮肤直接接触，它们干不干净、有没有细菌、状态好不好，直接关乎穿上去是否舒适和健康。因此像这类贴身衣物，尽量单独收纳。为了保持内衣的最佳样型，最好可以摊开来，一件一件并排收纳，不要折叠压制。

第二类是入口餐具，包括筷子、勺和碗等，关系到饮食健康，也可以单独给它们安排一个收纳区。定期消毒或晾晒，尽量收纳在高处或密闭空间里，隔绝灰尘和蚊虫。

为了安全和保管方便，安身立命之物也需要特别收纳。在家中设立专门位置，数量比较多的也可以用保险箱。像贵重金属、瓷器、水晶等贵重物品，比较脆弱怕摔磕碰的，最好能够独立收纳，互相之间保持一定间隔。

我有一位学员说过，“以前我以为买了各种神器就可以实现美好生活，实际上勤劳才是”。

主人爱惜、勤劳、良好的生活习惯将最终决定空间和物品的呈现状态。爱惜了，勤劳了，有着良好的生活习惯了，也就美了。

**细节到极致，你也能料理出和家居杂志图片一样的家。**关键在于爱惜物品，要细到每一样物品。只要进到房子里的东西都是需要你精挑细选的，包括颜色、款式、质地、设计细节等，讲究整体搭配和谐；对每一件来到身边的物品精心打理，让它们呈现最好的状态，为我们的使用带来更好的体验，美好会油然而生。然后在一天的辛劳之后，回到那个让你放松、疗愈、满血复活的家。

# 第五节：最值得投资的家居用品是收纳工具

## 最完美的收纳工具

完美的收纳工具，是收纳空间、物品、工具这三者之间的尺寸可以完美贴合；人能够方便地使用工具，符合使用者的年龄、身高等。比如，给儿童的收纳工具，尺寸要符合儿童的身高，色彩要艳丽一点，容易辨识和区分；也不要太重，适合儿童的手力。

完美的收纳工具还要能够和家居风格、物品等和谐统一，包括色彩、形状、材质及总体的设计感，不仅可以提升颜值，家里的整体视觉效果会更愉悦。

## 收纳工具的购买原则

工具买回来，一般使用年限都会比较久，因此购买时须先考虑好，遵循以下5个原则。

第一，首选方形的收纳工具。方形收纳工具横向上容易贴合，间隙少，纵向上可以多层堆叠，有利于减少收纳空间浪费。

比如，各类方形收纳筐、收纳箱、收纳盒、收纳袋等。基本上方形的收纳工具，在家中的任何场合都可以用，卧室、厨房、客厅、卫生间、阳台、玄关、书房、儿童房、老人房等。工具的材质尽量选择干湿两用，这样适用的场合也会很多。

厨房里的干货、五谷、糖果、液体类物品，推荐透明的圆形容器，方便倾倒，用了多少，还剩多少，一目了然。如果需要避光、怕晒的，选择不透明的或棕色瓶子。

第二，选择天然环保的收纳工具。收纳工具有很大可能会直接接触物品，家中有新生儿、小朋友，或居住者皮肤、呼吸道容易过敏、免疫力低，用在厨房、冰箱中的收纳工具，更应该选择天然环保，控制家中污染源。

第三，选择色系温和、和家中风格搭配的工具。我们家中物品本身的颜色已经足够多，加上居住空间有限，选择统一的或色系温和的收纳工具，能够减少视觉上的杂乱感，让空间更清爽。所谓色系温和，就是尽量避免五颜六色，选择原木色系、白色系、灰色系等。喜欢的彩色系可以小范围地点缀下，如鲜花、小件装饰品等。

第四，收纳工具的采买时机是整理之后。很多人还没开始整理就打算先购买收纳工具，想着整理完工具到了就能马上用起来。但我不建议大家着急买工具。整理的过程中一定会有物品流通，最终物品留下来多少量、在某个空间需要多少收纳工具、尺寸是多少等整理之前都不清楚，这个时候就着急去买，可能会产生等整理完买回来的工具要么数量不对，尺寸不合适，要么根本无须那么多工具等问题。

所以，收纳工具采买的最佳时机是全部整理或快整理完的时候，这个时候再购买会更加清楚明了。购买之前优先把家里现有的收纳空间充分利用，再根据实际需要去购买，需要的数量、具体尺寸列一个清单。这样买回来的工具每一个都能用得上，不会有闲置的。

收纳工具也算是家中物品，本身也需要整理。工具太多，反而会让我们囤积的物品越来越多；但如果闲置，工具本身体积也很大，占用空间，所以按需购买，够用就好。

所需的收纳工具买来之前，可以先把物品放在所收纳的位置，或用纸箱临时固定位置。

第五，购买之前先看看他人的经验，避免别人踩过的坑。比如，收纳工具太厚，在收纳空间内部想要进一步分隔，结果使用的分隔工具本身很厚，直接降低收纳容量。除非是外部用的柜子、置物架需要一定的承重，柜子内部的分隔工具只是用来分隔，承重一般即可，所以薄一点的分隔工具就可以了。也要尽量控制收纳工具本身的颜色和形状，避免颜色过杂、奇形异状的收纳工具。

购买工具时想想是不是不浪费，是不是能够一物多用，是不是能循环利用，如此再决定是否购买。

确定家里需要的收纳工具，但购买时却不知道买哪种好，这时可以利用关键词搜索，输入想要收纳的物品名称，如果了解过收纳工具的品牌，直接在品牌内搜索分类就可以了。也可以把收纳需求当作关键词，收纳工具准备用在哪个空间，期待达到怎样的收纳效果。

比如，直接搜衣橱收纳，就会出来很多抽屉、百纳箱、内置分隔盒；厨房的锅具、碗、盘，期待的收纳效果是竖立，搜关键词“盘子/锅具+竖立”；家中的清扫工具、脸盆、桶非常多，想要统一上墙收纳，搜“脸盆收纳”“拖把+挂钩”“清扫工具+架子”等。

如果实在不知道哪种工具好，也不要着急购买。很多整理爱好者群或家居整理收纳公众号、App等有非常多的好物分享，看看别人的工具选择、使用心得，再购买会更有把握。

## 好用的收纳工具推荐

### （一）被推荐最多的收纳工具

想要扩容收纳空间，家中柜子方格内部的上层空间或墙壁的垂直空间可以用立体的收纳工具充分利用起来，最为推荐的是抽屉和置物架。方便堆叠的抽屉，对垂直空间进一步分隔的置物架，无论厨房、卫生间、客厅、玄关等都适用。这些空间杂物多且散乱，自带的收纳空间要么不足，要么内部分隔不合理，抽屉、置物架是最好用的辅助工具。

搜索关键词推荐：抽屉/水槽置物架/小推车/台面置物架等

想要释放台面收纳压力，能够收纳上墙的物品尽量上墙，这时候就要用到线形收纳工具，如挂杆、伸缩杆。购买安装时先明确所要收纳的物品、使用场合等，收纳时也要考虑工具本身的承重。搜索时，把需要挂起来的物品、挂在哪个空间等作为关键词搜索。

搜索关键词推荐：挂杆/伸缩杆/衣通

想要让家中的抽屉、方格收纳空间所收纳的物品进一步细分和固定位置，可以利用分隔板/分隔盒。拉抽屉时会有一定冲力，物品随着冲力很快就混作一团，但利用分隔板/分隔盒就马上固定了，清楚明了，分区明显，取放也很方便。

搜索关键词推荐：冰箱/餐具/化妆品/抽屉+分隔盒/分隔盒

床品、家纺、换季衣物等，为了方便取放，可以用上方及正面有拉链的百纳箱。

搜索关键词推荐：百纳箱

卫生间里瓶瓶罐罐非常多，包装、颜色、形状各异，让原本就狭小的空间显得更杂乱，可以用分装瓶统一外观，整齐清爽。

搜索关键词推荐：分装瓶（普通，起泡型分装瓶，喷雾，按压等）

防滑垫可以用在衣橱、冰箱、厨房抽屉层板或其他小空间里。打扫时直接把防滑垫拿出来清洗晾干再放进去，不需要把冰箱的玻璃隔板或抽屉拿出来，非常方便。如果不小心有东西撒了，也是渗透在防滑垫上，不至于影响整个收纳空间。防滑的功能，让瓶瓶罐罐收纳更稳固，减少磕碰倾倒。

搜索关键词推荐：冰箱/抽屉+防滑垫

为了颜值和健康，冰箱里尽量避免直接用塑料袋收纳，可以用食品级封口袋。食材事先按每顿分量分好，煮时直接拿出一袋，也可以利用封口袋。

搜索关键词推荐：封口袋/保鲜袋

洞洞板种类繁多，很适合竖立收纳杂物，根据板的大小和承重不同，小到钥匙、大到折叠桌椅等都可以收纳。

搜索关键词推荐：洞洞板（配合挂钩使用）

束线带，又叫魔术贴，最常见的是收纳电线、数据线。各式各样的电线、数据线散乱一地，互相缠绕，既不美观，也有安全隐患，适合用魔术贴分开缠绕固定。

搜索关键词推荐：粘扣带/魔术贴/数据收纳线

## （二）管理/标志/备忘工具：标签

收纳工具统一或隐藏收纳，常常会忘了收纳的具体物品，我推荐大家使用标签备忘。比较简单的做法是用标签纸，也有专门的标签机可以打印标签内容，字体风格很多，值得入手。

为了节约空间，一般建议把外包装去掉，如果担心忘记保质期或使用注意事项，也可以使用标签备忘。冰箱里的菜，用了保鲜盒、封口袋等分装收纳的，哪些要先吃，哪些保质期几天，都可以备注下，提醒自己及时吃完。

标签的使用方法非常多，适用场合也很多，灵活多变。物品使用结束或收纳内容物更换，直接撕掉原来的标签，重新贴上即可。

搜索关键词推荐：记号笔/标签纸/标签机

## （三）修缮、改造、DIY工具

### 常用的修缮、改造、DIY工具：

电动钻、螺丝刀、螺丝钉（家用、小巧）、热熔胶枪

1.抽 屉

2.收纳筐

3.水槽置物架

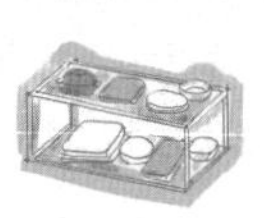
4.台面置物架

5.小推车

6.文件盒

7.百纳箱

8.伸缩杆

9.滑轮收纳箱

10.数据收纳带
（魔术贴）

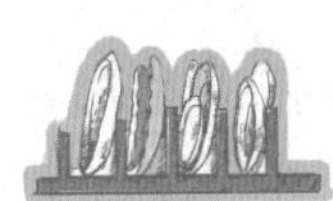
11.碗盘竖立
（分隔架）

12.锅具竖立收纳架

13.分隔盒

14.洞洞板

15.封口袋/夹
标签管理

16.塑料袋收纳盒

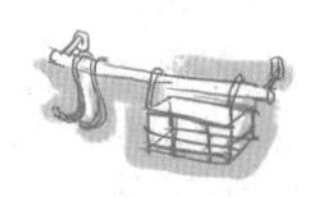
17.挂杆+配件

18.分装瓶
（液体、干货）

19.防滑垫

20.简单修缮改造工具
（电钻、热熔枪）

## 0.6平方米可以装什么？

我家的衣橱，严格来说，就是一个小小的杂物柜。家里除了厨房和卫生间里会用到的物品，其他绝大部分我都会收在这个柜子里。

这个小小的衣柜收纳了一年四季的衣服、鞋子、包包、书籍、日记本、行李箱和行李收纳袋、瑜伽球、两个蒲团坐垫、家纺床品等。其实，最开始家里的电子产品、文具类用品也会收在这里，后来买了折叠桌自带6个小收纳抽屉，才把这部分分出去。

我对这个杂物柜的收纳容量还是非常满意的。因为小，没有做成柜板式，而是买了支撑铁架和网板自己组装，做成了一个开放式衣橱。每次整理，需要改变内部格局时，只需要调整挂衣杆、网板的位置即可，非常好用。

而这个承包了几乎家里所有杂物收纳的开放式柜子，不过0.6平方米。事实证明，想要提升家中收纳容量，解决家中物品散乱问题，一个通天柜或一个独立的储物空间必不可少。

通天柜指的是可以利用家中的一整面墙或半面墙，做一个高至天花板的大柜子，家中无论个人的还是公共的杂物都可以收在通天柜中，分分钟解决家中茶几、玄关、地板散乱的各式各样的物品！老人的药，大人的书，小孩子的玩具，大大小小的日用品、消耗品，等等，都可以收在通天柜的具体收纳分区中。

小户型的家庭更要提前规划好收纳空间和容量，这样一个通天柜，可能占用家中面积不过两三平方米，但垂直空间的收纳量是惊人的。

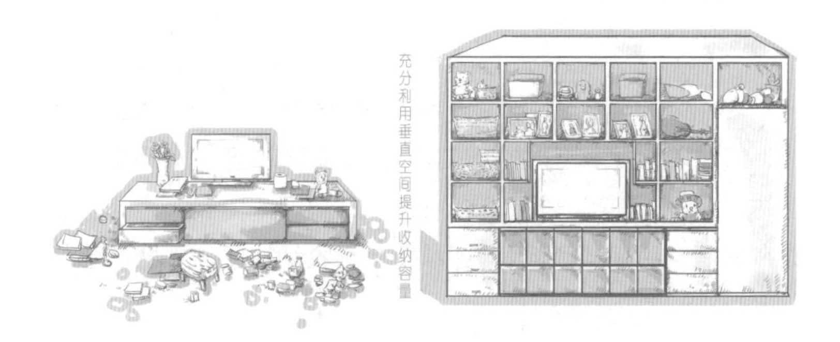

衣帽间、杂物间、工具间等叫作独立的储物空间。以前的装修都是按功能空间分区，卧室、厨房、客厅、卫生间、玄关、阳台等，在功能空间里再安置柜子等，几乎不会单独规划出独立的空间用于收纳物品。

随着物品越来越多，很多家庭也会设立单独的衣帽间、杂物间、工具间，专门用来收纳衣服、杂物。一个专门收纳杂物的储物间，有时候不需要很大，哪怕只有两三平方米，从地面到天花板垂直的空间也都能充分利用起来。

小户型房子面积已经很小，很多人会觉得哪里还有空间单独储物。但正因为物品多、房子小，为避免物品无处安放、散乱各处、堆积堆叠，更要专门规划出储物间，哪怕只有三五平方米。物品有足够的空间收纳，而不是到处散乱，人居住其中，才能有更多的活动空间。

第五章

# 整理，开始是技能，最后变成一种活法

## 第一节　整理并不是结束，而是开始

在完成整理后，很多人都对这两件事情特别苦恼：

第一，怎么做才能保持家中不复乱？

第二，完成整理后，不再使用的物品也流通了，留下适量必需重要的物品，但怎样才能在后期控制家中的物品数量，再也不想回到原来的样子？

整理中你会慢慢发现，你的家能够呈现什么样子，最终要回到人本身。物品多还是少、整齐还是散乱，都是居住者行为的折射。最开始整理时，很多人会认为需要改变的是物品和空间，但最后发现真正需要改变的是我们自己。

很多经过设计师、整理师改造过的房子，若干年后又恢复到原来那种杂乱无章状态的并不少见。是设计师或整理师最开始设计时没有考虑真实生活场景吗？也许有部分原因，但也绝对不至于又回到最开始的堆积混乱程度。**决定房子状态的绝不是完成设计时的样子，而是日常生活的样子。**设计师和整理师也只能帮忙打造一个框架，如果居住者本身不改变生活习惯、消费方式，再好的设计也是枉然。

如果你也有以上困惑，那除了需要改变身边的物品和环境外，根本是自我生活习惯、购物方式的重新塑造。一切整理、收纳的根源都要回归到人，想要保持家中不复乱和清爽状态，唯一的途径就是改变你自己。

**第一，重新养成好的生活习惯；第二，重新养成好的消费习惯。**

好的生活习惯是和居住空间和谐相处的唯一有效途径。比如，如何才能保持不复乱的状态，最重要的是要养成**物归原处**的习惯。完成整理后，家中所有的物品都有了自己固定的收纳区和收纳位置，使用完物品，一定要记得物归原处。

取用物品后没有马上归回原处，想想是不是哪里不那么顺手，思考原因。物品没有固定位置，拿取和归位步骤很烦琐，收纳不合理，不符合使用动态，等等，都要继续优化到适合自己取放的状态。

可以在短时间内通过物归原处让居住空间恢复整齐的状态就不是真正的混乱，只有收拾时不知道物品应该放到哪里、随便应急塞入收纳空间的才是真正的混乱。已经整理规划好的收纳，需要做的就是找个时间，集中给物品归位。但如果是真正凌乱的状态，可能就要重新整理物品、给物品设定位置了。

保持不复乱，并不是每时每刻物品都非常整齐地收在位置上，家里也不都是一尘不染。家是一个动态的居住空间，人生活于其中，日常起居才是主旋律。

那如何让自己的居住空间能做到不复乱？首先，可以给自己设立一个标准，如果能够在自己预定的时长内让物品物归原处，恢复整齐，那平时的散乱也许只是当下没时间罢了，或是习惯还需要努力养成。

物归原处，我认为是整理收纳后物品已经有了分区固定位置后，保持居住空间不复乱最重要的生活习惯了。

除了物归原处，日常也要勤打扫，及时清理垃圾。每天都会产生的灰尘、垃圾、污垢，最好当天处理。尤其是夏天，气温高，如果不勤打扫，非常容易滋生细菌蚊虫。

如果把我们的家比作一潭水，那么这潭水应该怎样才是活水呢？一定是既有物品入口，也有物品出口。不断购入的新衣服、新物品，在不知不觉中侵占着家里的每一寸空间。想要保持整理完后的良好家居状态，一个很重要的生活习惯是仍然要定期流通不再使用的物品。

始终保持对物品对空间的觉知觉察，每三个月、半年、一年都要重新把家里面的物品审视、筛选、流通一遍，让家这潭水始终保持流动的状态，让日常流动起来，我们的生活才能更显活力。

当然，保持物品出口通畅的同时，更应该学会从源头上控制物品入口，那就是重新养成好的消费习惯。买东西之前，想清楚这个是我需要的吗，买回来我会用吗，什么时候用，使用频率大概是怎么样的（尤其购买消耗品时），买来放在哪里，家里空间足够吗。衣橱还能放多少衣服，冰箱是不是满了。考虑自己的实际情况，只买自己真正需要的物品。

遇到打折促销、买一赠一或赠三、免费赠送时，哪怕真的已经非常划算，如果你不需要、家里的备用足够时，都要果断放弃。想买的物品自己心里知道可有可无时，可以给自己几天时间缓冲、思考。如果还是很想要，这时候再去买，至少比之前理智。

商家为了推广促销，让你扫码关注，免费赠送一些扇子、杯子等，质量差、颜值低、实用性低，最重要的是你根本不需要这些物品。以前的你可能觉得反正是白给的，不要白不要，伸手接过来，但拿回家也是闲置，随意放在角落落灰。而现在的你，遇到真正不需要的物品，就算为了不给自己增加流通的负担，也一定要摆手拒绝。

有几次看到我的学员抱怨赠送的物品自己根本用不上，只得又花时间流通处理闲置物品。就算和店家打招呼说不需要赠品店家还是会给。其实我也会遇到，几次以后，为了让店家重视，下单时我通常都会备注“给赠品就差评”，果然好了。

勇敢地对自己不需要的物品说不，与其让赠品占用我们的空间，最后还要浪费精力去流通处理，不如最开始就直接拒绝流入家里。

克制但不苛刻，这是我现在买东西时的习惯。克制，不盲目，不冲动，不贪婪，调整消费习惯，不买也不要不需要的物品。一旦要买，尽量买好的、美的、精致的。

很多人会觉得同样的价钱买便宜的，能多买几件；买贵的，就只能买一件，多不划算。物品的使用，归根结底是为了体验和解决问题。好的、贵的、美的、精致的物品，在使用的过程中体验更美好，实际上是降低解决问题的成本。

养成好的生活习惯，好的消费习惯，实际上这几个方面综合起来就是你选择的生活方式。在整个物品整理过程当中，我们要频繁地做选择，选择留下和流通的物品，选择购买和不购买什么样的物品，选择哪些物品，怎样摆放收纳，等等，这些全都需要你做出选择，而我们为什么会做出这些选择，实际上就是一个人行为和思想的折射。

**我们整理的并不只是物品，而是不断去调整和选择适合我们的生活方式，用我们自己最舒服的姿态来过我们自己的生活，过自己的一生。**

每个人都可以通过整理物品，留下适量必需重要的物品，去做你自己真正想做的事情。在我们所打造的美好的居住空间当中，幸福稳定地过我们的一生。

愿你的一切体验，无论是使用什么样的物品，做什么样的事情，与什么样的人交往，都是美好的，甚至你的人生都会变得更加美好。

## 选择“物归原处”其实更容易

**如何保持永不复乱的整理状态？请记得一条铁律：物归原处。**

听到这句话，很多人都回答：“太难了”“做不到”。按照以往的经验，我们会觉得随手乱扔更容易，因为这才符合人的本性——懒。但你错了，养成“物归原处”习惯其实更容易。

有一阵我经常找不到要用的剪刀。仗着家里东西少，一目了然，每次用完剪刀随手乱放。那一刻我的感觉是，比起物归原处的麻烦和最初的不适，我更厌恶把时间浪费在找东西和由此产生的其他坏情绪上。如果是紧急时刻，我还有可能迁怒于其他，然后就是一系列的恶性循环，全部搞砸。

但如果是“物归原处”，我只需要做到而已。两者择其优，我选择物归原处。

这样的选择，同样适用于要不要保持厨房台面空无一物。比起每次煮饭都要拿出锅具和调味料的麻烦，我更厌恶瓶瓶罐罐的油腻、灰尘、清洗困难。看到油腻、灰尘，人似乎就不那么勤快了，然后就是拖延和由此产生的坏情绪、不好的印象等。到最后就得出一个结论：“厨房就是这样，没办法，忍着。”但如果是台面空无一物，我只需要做到而已。两者择其优，所以其实保持“空无一物”也更容易。

在养成习惯的路上，的确需要付出一点有意识的行动和反复练习。但在那之后所体会到的愉悦，做到的人享受其中的美好溢于言表。正如《桃花源记》所述：“初极狭，才通人。复行数十步，豁然开朗。”

重要的是你渴望哪种状态，以及这种渴望有多强烈。如果不复乱的状态、不总是东西找啊找啊、不想待在混乱不堪的空间是你所追求的，那么无论从经济学还是心理学来讲，选择物归原处更容易，“性价比”更高。

比起要费脑解决无序所带来的各种额外动作、精力付出和时刻准备化解未知风险，至少物归原处有章可循，而你只需简单执行，节约脑力和体力。

### 还原生活的本质，首先是擦拭！

我曾经看过一个化妆师分享她的化妆用品整理心得，反复强调的是要保持化妆用品外观、化妆工具的干净，该擦拭擦拭，该清洗清洗，该消毒消毒，当然那些过期不适的该扔就扔，就跟厨师保持厨房餐具干净整洁的道理一样。

外观上的美丽，便是干净，整洁。即使掉了漆，褪了色，只要擦拭得干净锃亮，甚至会有古朴的光芒。

干净与整洁这两点，似乎放之四海而皆准。由干净和整洁而来的味道，最让人舒服，也最摄人心魂，如阳光的味道、洗发水的味道、肥皂散发的薄荷味；又如洗得干干净净褪了色的旧衣服，虽毫无涂抹但干净的脸……

阴郁低落的心情，一旦洗个热水澡，马上就拨云见日。喜欢简单的人，追求的无非就是干净整洁，进而产生一种简单的品位。衣服不花哨，装饰不惊艳，妆容不浓厚……

再仔细一看，喜欢干净整洁的人，喜欢的风格也很简单：北欧风、极简主义、零杂物、少物、好生活……他们的言语也很干净、朴素，心灵亦是不华丽、不跌宕、不浮夸，虽三言两语，但裹挟真诚，坦然和阅历。

的确，由物品的干净整洁，可以联想到一个人的全部，而不牵强附会。实际上，整理的过程中，要对物品做很多取舍，很多选择。说得哲学一点，你不是选择物，你选择的是你的认知模式。人不可能单一地活着，然后单一地由人本身呈现自己的想法和思考。物品、工作、生活、朋友、工具、选择A而不是B、消费A还是消费B等，都是你想法和思考的载体，它们就是你一系列选择的综合体，它们就是你。

总之，可以这么理解保持物品干净整洁的意义：选择一个透亮的你。经常会看到极简主义的口号：还原生活本质，还原生活的本来面貌。擦拭生活和心灵不易，不如从擦拭身边之物入手，还原物品的本来面目。

以前的我总以为身边的一切太普通，忙碌的主妇，洗得发白的围裙，晾晒了一院子的一大家子的衣物，叠得整齐的衣物，充满阳光味道的衣物被单，光脚就能踩的地板。

年岁渐长，才发现，对大部分人而言，光是能做到擦拭和简单就已经不容易。

## 干净整洁，从源头开始

因为懒，所以我经常会去琢磨如何才能让自己更加轻松。

有时候买菜，回来打开保温袋就是一股腥味，密封的海鲜漏水了，结果要清洗去腥的就不仅仅是一袋海鲜，不禁十分懊恼，如果当时直接分装出来就好了，一下就多用了两倍的时间。

打扫房子也是如此，如果从一开始就避免弄脏，完全可以省去很多打扫的力气。

不喜欢每天打扫，但也不想看到地板、台面积灰，灶台墙面油腻污黑、冰箱污渍斑斑、沐浴区一圈泥垢，可以试试这些方法——

1. 买回来的蔬菜瓜果先将泥沙洗干净再放入冰箱或容器，肉和鱼处理好再速冻；

2. 进门先换鞋拍土（如有），被淋成落汤鸡尽可能在玄关先处理完湿答答的泥水再进屋；

3. 洗完手不张牙舞爪甩手，洗完澡不趿着水拖鞋满屋子晃，刷牙不吐得到处都是；

4. 流通的物品不要搬到老家（最终还得面对），也无须送给不需要它们的人（变成别人流通的负担），特殊类物品按回收规定不随意丢弃；

5. 油烟区放空，油腻餐盘单独处理清洗；

6. 如果附近施工、雾霾、临街，迎风方向少开窗或不开窗；

7. 不随手把所有空间都放满、摆满、塞满，必要时放空或流通；

8. 随手、及时擦拭，摊开或间隔晾晒，异味者单独分装和密封；

9. 把碗伸过来接菜，汤水不洒得到处都是；

10. 褪色、怕染色的衣物单独分开；

……

从源头上拒绝脏乱差，避免二次污染，这些都是我能保持空间清爽干净和减少家务量的一些生活小习惯，应该也可以帮助到你，看起来复杂烦琐，其实真正实施以后，你真的会轻松很多。

## 会省钱女子的秘密都在“空瓶”里

在某位生活能力很强的女子写的帖子里，我注意到一个小细节，洗澡时她会先在浴花上挤上一点沐浴露，打出泡沫了再洗，而不是直接把沐浴露抹在身上。这样做的最大好处是节省，同样多的沐浴露“空瓶”的时间能延长何止一倍。

我曾有一位室友，无论牙膏、洗面奶还是其他护肤品，快用完了时都会拿剪刀从底部开始一截截剪开，又可以用好几天。如果是玻璃类的容器无法剪开，用完后，她就会将水灌入瓶子，然后再倒出来泡衣服，自我感觉“衣服也香了”。

总而言之，她们都在努力做到真正有实力的“空瓶”。

可能是受文学作品或影视剧的影响，以前我对“榨干空瓶”的行为是有偏见的。比如，会觉得这种行为代表了自己很困顿和拮据。但受这些优秀女子的影响，我慢慢改变了看法，也开始了“空瓶”行动。

“空瓶”带来最根本的影响是，从根源上减少了部分开销。这种行为从根源上能够自动减少开销，而无须动用理财手段，也无须进行自我克制，会让自己轻松很多。

如果你开始尝试“空瓶”，仔细留意就会发现，似乎每一样护肤、护理用品都非常耐用。哪怕用的是普通牌子，由此减少的开销，每年至少都在4位数。

以前我认为少买就是省钱，但其实减少浪费也是省钱；以前我觉得了解钱花在哪里很重要，但其实知道钱浪费在哪里更能修正你的消费观，并抑制冲动消费。

会省钱的女子每购买一样物品，就尽力物尽其用，不单是护肤品，哪怕是办一张消费卡、购买一些学习课程，都会花时间用完、学完，而不是物品一旦到手就束之高阁，只是有一种真正使用消费过的错觉。她们的花销并不见得就少，但更多样化；她们的收入也并不见得比你我高，但生活更丰富多彩。

最近浏览了某App一些女生的“空瓶”分享，感觉“空瓶”还有一层含义，那就是好用、适合自己、不错、值得反复购买。

这些会省钱的女子已经完全颠覆了“空瓶”的旧形象，取而代之的是更聪明的消费，更高明的生活能力。

## 第二节 想象你想要的家的样子，然后去无限靠近

### 一个没有目标的空间，就是一堆空气加物品

堆积、混放、散乱、积灰、油腻，满！满！满！最常见的空间急需整理状态，莫过于这样几种了。

还是毛坯房的时候，也许房子就已经被分成了卧室、客厅、厨房等功能空间，收纳的各个空间也设定了后期所要收纳的物品类别。但你有没有一种感觉，似乎它们最初的功能，都没有被好好执行。

没有梦想，人的属性都变了；而空间要是没有目标，说穿了也只是一堆空气加一堆物品。

如果厨房的目标是容易清理，那么台面少物或无物就是首选；如果卧室的目标是睡个好觉，那只有一张床加一床柔软的被子似乎也足矣；如果椅子的目标是用来坐的，那它就不会总是堆满衣服。

如果抽屉的目标是方便取放，那竖立收纳当仁不让；如果冰箱的目标是给食物储存中转保鲜，那一两年都没吃的食物就不会尘封冷冻层；如果玄关的目标是进出家门的过渡区，那过渡需要的物品可以集中收纳在这里，但散乱一地的鞋子、堆积如山的鞋柜台面与目标是背道而驰的。

如果屋子的目标是美，不谈装饰，展示区收纳少于三分满可以给整间屋子的美感打个很好的底妆。

从现在起，给每一个房间、每一个柜子、每一个台面、每一张桌椅、每一个抽屉、每一个收纳盒定个小目标，让空间加物品等于我们所赋予的意义。

## 拥有足够适量的重要物品，居住在自己设想的房子里，是一种什么样的体验？

曾经有个朋友是工科男，他说，装修自己的房子就像布置一个大玩具，按照自己的设想一点一点把毛坯房变成理想中的样子，然后就在这个理想的家里居住着，再美好不过了。深以为然。

比如客厅，我好像并没有特别的需求。装修的时候，工长和设计师问我：你们家电视放哪儿？我说不要电视。他们还会说，都打通的话，你们家客厅好像不合理。我说无所谓客厅，喜爱的东西可以合理摆放即可。对我来说，除了厨房和卫生间，其他空间的功用界限已经没那么清楚了。

我想坐哪里，椅子就直接挪到哪里。夜风清凉的夏天，会直接睡在阳台（密封，窗帘）。厨房吊柜有空余，直接用一层来做书架。吃饭时太热，直接打开吊扇，把桌子挪到客厅中央。当然，一个人生活会比较随意些。

不过我想表达的是，家和空间是自己的，何必有那么多界限，最重要的是舒适和合理。再多点装饰和布置，增加美感，就非常棒了。慵懒放松，来一个懒人沙发，或者来一幅画，或者放空拿来投影，真的也蛮好。

如果室内空间有限，就拿来作为运动区，我就很想来个空中瑜伽吊绳。海南骑行非常流行，每年都有骑行赛事，骑行部落也很多，男女老少都有，感觉特别好。虽然目前为止自己只租过几次车骑行，距离也很短，但就是很喜欢这项运动，也打算在整片空白墙上挂上自己的自行车，说不定哪天就环岛了呢！

想想就挺好的。

没那么多约束和束缚，固定空间的功能概念在我这里似乎瓦解了。重要的是，简单了。

自从接触整理后，就被整理延伸出的各种新居住方式和生活方式深深吸引，脑袋里固有的室内装修布局被拆得粉碎。

吸引我的并不是整理技巧本身，而是背后新时代、新科技、新理念下带来的对于居住而言更人文的东西，这些东西最大的特点是彰显个性和满足轻快便利的需求。

国内大部分房子买来时都是毛坯房，这也给居住者满足个性化需求提供了机会。最重要的是要去设想，在房子里想过成什么样子，要对得起房子的价值。

基础整理（彻底整理）之后，似乎流通和整理会上瘾，经常站在物品前，想一想，就又都搬出来重新整理一遍，就这样优化整理了很多遍。每一遍都以为差不多、可以了、没什么好整理和流通的，但并没有停止。

直到我重新梳理了自己的身外物清单，明细全部列下来，物品的足够适量点逐渐接近，才终于找到自己和物品之间和谐相处、“相处两不厌”的境界。

看着自己的身外物物品清单，告诉自己：这是自己的，适量的、必需的、重要的，足够而清晰。

而亲手装修打造自己的房子，让家里按照自己的喜好一点点布置，并最终呈现自己想要的状态，那种满足感和幸福感，又难以言喻。

这种感觉大概就是一遍又一遍地告诉并让自己确信：这是自己的，新生活开启了！

## 把属于自己的房间当作一个理想盒子来打造

在日剧《卖房子的女人》中，最让我意外的是那个校对女孩儿，她穿着朴素、少话沉静、稳重细致，是做任何事都必须有把握、有计划才去做的一个女孩子。大概是校对这种工作性质的原因，虽年纪轻轻，但总给人沉闷和老气的感觉。

看房过程中，少言寡语、不啰唆，即使房子定了，也是一句话：定了。十分恬淡寡欲！就是这样一个女孩子，最后却把家装修成动漫二次元卡通风格，让房地产中介男大跌眼镜！也让荧屏前的观众大呼万万没想到！

从头到尾不苟言笑、一脸严肃的她，看到中介男的反应，居然还做起调皮的动作，抿嘴一笑，说：这就是一直以来我想打扮的房间样子！

“想要了解一个人的真实样子，去看他的家”果然是真理！那么，如果有机会，你想拥有具有什么独特场景风格的房子呢？

有人喜欢精品店，把衣物、饰品等按照精品店的陈列方式摆放。有人喜欢书店门口摆放推荐书籍的开放式书架，也把自己家里设了这么一个陈列区，把短期内要读的书单独拿出来。

有人喜欢各类艺术展览、博物馆大片留白、只挂一幅画的风格，在家里也装饰了几面墙。有人喜欢看各类橱窗里的模特搭配，特意在家里也做了这么一面玻璃，摆几个模特在里边，定期更换搭配，感觉很美，也很满足。

有的父母会把整个儿童房装成有浪、有船、有海洋的样子，或星星密布、月亮弯弯夜空的样子，还有刷成各类颜色、墙上和天花板上画着各类童话人物和动物。

也曾见过爱好篮球、NBA、球星的男孩子，用海报、油彩、篮球、篮球架、球服、照片等，把整个房间布置得既像一个球场，又像一个球星展览馆！连他的水杯、被子、桌面都是篮球的元素。

房间里都是自己喜欢的元素，经常忍不住觉得：真好！

这样的布置，和平时给陌生人的感觉，有着巨大的反差，就跟校对女孩儿一样，让人大跌眼镜。

最重要的是，这个空间关上门就是一个独立完整与外界无关的世界，只属于你自己。而居住其中的你，当然可以拒绝千篇一律的白墙，想怎么装饰就怎么布置。如果我们的愿望是能够住在自己想要的样子的家里，那为什么不把整个房间本身当作一个理想盒子去打造呢？

房间DIY，要的就是取悦自己的乐趣！

## 你的家，有没有一个柔软空间让疲惫的你满血复活？

每次一回到家，总能感觉浑身的肌肉马上松弛下来，有一种说不出的放松。有时候白天忙碌，很晚到家，似乎整个人都被抽空了，就是不想动。静默地洗漱收拾完，坐在蒲团上，不动，放空，待着，偶尔拿起身边的书，随便翻一页看起来，或者在不知不觉中睡意袭来，蜷缩着沉沉睡去，第二天早早醒来，神清气爽，前一天的满载负荷一扫而光。

想起昨晚的没劲，似乎是另外一个人的经历。一行禅师有间禅房，在暴风雨中被打得七零八落，屋内的物品水上漂。看到这样的惨状，一行禅师做的第一件事是关上门窗，在屋里生起火。当火慢慢旺起来，禅房渐渐恢复温暖，这时一行禅师的情绪也由刚才的愤怒失望沮丧渐渐缓和下来。

我们的低落、疲惫、怒气、坏情绪等，都可以看作内心的禅房遭受了暴风雨，这个时候我们首先要做的是照顾它，关上门窗，转向内心，给它生火，让它温暖，而不是粗暴地无视它，任由内心被暴风雨蹂躏。

有时候我会觉得现在的每个人，不管是对自己还是对他人的感受，都太粗糙，甚至到了粗暴的境地。可能你很忙，可能年纪大了不需要有太多的情绪，可能你精力有限，可能世界教给你的就是逐渐物质，可能你觉得年龄大了就应该硬朗和有超强的承受力，总之你不再“矫情”。可是，午夜辗转，深夜多思，扪心自问，你真的不喜欢让自己的线条更柔和一点吗？

在你的家中，需要有一个柔软安静的空间，随时准备着给疲惫的你回血。这个只属于你的空间，是专门用来放松、发呆、读书、独处等的空间。地点的选择不限，书桌、杂物间、厨房一角、阳台、客厅、书房等，都可以。这个空间里最重要的是氛围。一张单人椅，一幅令你遐想联篇的画作，一壶香气四溢的饮品，一曲悠扬静心的旋律，甚至简单到一个蒲团、一室馨香，无人打扰，心无旁骛。

这个空间能够让不在状态的你满血复活，就像慢慢渗透的能量，给你疗愈。结束一天的工作，拖着疲惫的身体回到家里后，面对的将是世界上最包容你的角落，就那么待上一阵，让精力慢慢回流。

照顾和温暖内心、安抚情绪、给予你力量，无论何时都散发着治愈般的气息，这就是家的终极样子。

# 第三节 留下适量、必需、重要的物品，持续、稳定、幸福地过一生

## 体验量化生活，更加科学地认识自己

关于量化生活，来自维基百科的解释是：量化生活（Quantified Self）是一个将个人日常生活中用输入、状态和表现这样的参数，将科学技术引入日常生活中的技术革命。

量化生活的主要方法学是数据收集、数据可视化、交叉引用分析和数据相关性的探索。身高、体重、体脂率、心率、睡眠状况、健身记录、营养摄入、数据汇总展示、时间追踪统计、电脑手机生活使用时间等，都已进入量化生活的范畴。

但我的量化生活，最开始是从记录自己的使用物品入手的。用记录数量这个利器来量化自己，进而了解自己，包括物品、生活模式、喜好、钱财花销。

在整理中，记录并分析已拥有物品、流通物品、留下物品、某一类别物品的量，能让你更清楚自己喜欢什么、不喜欢什么，哪些物品已经够了，哪些还有欠缺。

更重要的是，一旦你清楚了自己所拥有物品的量，才会突然意识到：自己为什么会在狭小的空间里塞满这么多东西！还竟然无视了那么久！还若无其事住了那么久！当然，有时候更能让你深刻认识到，曾经的生活方式多么的糟糕！

从记录开始。一旦开始记录，就会有痕迹，有发生，而了解自己，也有迹可循。

在最早的希腊文明里，太阳神庙上就刻着一条箴言：认识你自己！一个人所思、所想、所爱、所恶，必定会折射到物品、处世，以及与他人交往上。

想要科学了解自己，不如直接量化。

## 记录久了，会使人慢慢明白什么是足够

我的家附近买菜不方便，所以我会设立一个周期，以一个星期左右为周期，去超市集中采买。最开始我没什么概念，每周买的菜都会有剩余，只能处理掉，很愧疚。

于是我根据购买记录，每周购买量逐步减少，直到最近已经比最开始减少了一半。但每月看账单，花销却没减。

我从中发现并得出结论：自己吃的量原来真的很少；因为吃得少，所以变成只挑自己喜欢吃的买，很少看价格；以前喜欢吃却觉得贵的现在似乎也对价格免疫了；总花费没有变，吃得更少但更愉悦。这大概就是为什么每次到了给冰箱回血的日子，把菜买回来花一两个小时处理好，再一样样有序整齐地放

进冰箱，会特别满足和幸福。

其实，我也不是一下子就掌握了购买量。之前买菜前都是打开冰箱，看冰箱空了到超市直接从头开始补给。虽然买的量少了，但奇怪的是，每周还是会有剩余。后来把每周预计不在家吃的量也减去，还是剩余。某次整理，盘点厨房的食物，盘点前，明明觉得冰箱已经空了，也还没来得及去买菜。但把食物集中在一起时，我还是略感惊讶，没想到还是有小小的一堆。但这些都是买了很久没吃完的，原因就是每周买菜时总是从头开始补给，它们没被考虑进去，所以都忘了吃。等到真正彻底一样样盘点数量和记录时大跌眼镜，这么些东西，即使不买菜，也足够吃一两个星期了。

如何改进“自我”，需要我们时时内省，“一切根源于自己”；但如何迭代升级“自我认知”，那就去记录和盘点你的外在人、事、物。对买菜这件小事的记录和盘点不仅提升了我对自己的认知，还改变了我和厨房之间的关系，也知道了自己的“饭量”有多大。且每次买菜都能趋近足够与适量，吃得少但更符合自己的喜好。

记录和盘点的也不止于日常生活，还有时间、财务、睡眠、情绪所处的场合及场景、接触的事物、人际关系、每月和每年回顾等。凡是你想留意和关注、想了解和学习、期待改进和优化的，都可以是记录和盘点的对象。这两个方法，既不玄乎，也无高论，唯一需要的是耐心和时长。盘点琐碎时的耐心，记录琐碎周期要长，至少一年。记录久了，就能慢慢明白什么是足够。

## 适量、必需、重要的物品，一定是那些设计得好又懂你的物件

我有一个充电宝，是中国红，也是我所有物件中为数不多的红之一；正反面是“福猫”“财猫”，寓意好又可爱，看着就会嘴角上扬，就像每次看到招财猫便会想跟着招手一样。尺寸小巧，我拿在手里正合适。一次充满电带出门，一天都不用担心手机没电，非常喜欢。更合我意的是，它自带一个锁扣，充电线用完了可以直接收在上面，再也不用担心分开收纳散落丢失了，免除了因丢失无法匹配的担忧。

今年我在家中增加了一位新成员——宜家诺顿折叠桌，完整折叠后宽度只有30厘米左右，平时一个人用展开半边长是90厘米，来客人时可全部展开，桌长155厘米左右。

更合我意的是，桌子中间自带6个小抽屉，桌前需要用到的一些小物件基本能就近收纳，既能实现台面无物，又能伸手就拿到所需物品。

在日剧《我的家里空无一物》中女主麻衣有个朴实的兴趣，就是在安静的午后，把自己喜欢的物件摆出来，一件件欣赏。一边看一边自言自语，或者瞬间从地上爬起来，拿起单反狂拍照，真正沉浸在自己的世界里。

我也是如此，有时没事就把充电宝拿出来，把充电线从锁扣里拿出来又扣回去，听到线头扣进去时“啪”的一声，非常满足。坐在折叠桌前，累了或想问题时下意识就把桌旁的抽屉

拉出来，看着需要的物件都在手边，非常愉悦。

所以，我很明白麻衣的心情。使用那些本身设计感好的物件，真是一件充满幸福感的事。关键是，它们自身的设计懂你，不单把你的需求满足了，还清楚地折射出来呈现给你看，告诉你“哦！原来我适合的、想要的是这样”。

如果你不知道对自己来说真正适量、必需和重要的物品是哪些，那就不妨从选择和使用那些设计得好又懂你的物件开始去体会。无论你有怎样的需求，这世上总有设计得好又懂你的物件在等着你。

当你总是能得心应手、被友好相待，就会明白，真正懂你的物品，不需要太多，足够适量就好。

## 如何辨别什么是重要的物品？

怎么理解物品的重要性？如何找寻对自己来说重要的物品？

其实这个问题，如果从正面思考的话答案很难。就我而言，想拥有的、想要的太多太多，似乎每一个都很重要。欲望无限，初心难续。但是从反面思考，先厘清我们拥有什么和需求多少这件事情就变得没那么难了。

作为人，生命长度区间是有限的，也就是说，时间总量有限、居住空间有限、财务能力有限、精力有限、毅力（专注力）有限。不仅拥有的有限，作为一个生命个体，满足五官四肢、五脏六腑的需求也有限，吃的有限、穿的有限、用的也有限。

电影《后会无期》里说：爱是克制，对我们生命里的有限资源和有限需求来说，整理就是要学会克制。克制着不要往自己身上背负太多物品，本质就是希望克制以后呈现的状态是我们想要的样子。不加克制，就会泛滥、透支。物品成山，资料成堆，情绪失控，关系失衡。

世界太丰富，想要去的地方、想买的东西、想实现的愿望太多，可惜，时间有限，金钱有限，精力有限；就如拿着一张百元大钞走进大型百货商场，面对琳琅满目的物品那样无奈，能买什么？但正因为有限制的残酷现实，所以要学着克制。

如何克制自己，学习节约有限的资源和满足有限的需求，就是找寻属于你自己“重要”物品的过程。

凡是能够满足你身体的有限需求，所拥有的物品既能足够保障你的生存与日常需求，又能最大限度地节约你的有限资源，不多不少刚刚好，这一系列的物品大概对你而言就是重要的了。

如果你厌倦过量物品带来的困境，那就开始学会克制吧！

前阵子在候机大厅里看到一位女生，打开行李箱，翻找东西，半天才掏出想要的东西，但衣服和其他物品早已乱七八糟，甚至被挪到行李箱的另一边。然后，她匆忙把衣服和物品胡乱塞进去，行李箱的拉链却又拉不上了。于是，复打开，重新把衣服和物品鼓捣一番，一边压行李箱的盖子一边一点点拉拉链。

这样的场景其实并不少见，很久以前我的行李箱也是这样，满满的，鼓鼓的，不知道都装了什么，却沉如巨石。不止行李箱，还有背包，还有手提包，经常小小的身躯拖着一大堆行李，上车下车、上台阶下台阶……至今却想不起来里面都装了些什么。

后来实在厌倦了每次都要拖那么重、那么多行李，后来减去手提包，减少衣服的数量，却还是多。后来又减去各种大瓶包装，全部换成不到掌心大的替换装，费尽心机的各种一物多用、能当地买的当地买，直到后来出行行李箱阔绰有余，短途出行甚至一个小包即可。

如果你厌倦了过量物品带来的困境，那就开始学会克制吧！

厌倦那么多行李，厌倦没完没了掏包却找不到钥匙，厌倦一开门“乱象丛生”，厌倦搬家时山一般的物品，厌倦了海一样的家务……厌倦似乎总是失控的事态。厌倦那种生活下的厌倦，厌倦那种生活下深深的厌倦。但如果不整理、不改变生活就会继续这样的厌倦。

如果能掌控海量物品便无所谓，但一旦开始厌倦，就请开始整理吧，学会克制。

## 重要的物品：安身、立命之物

有次清理网络云盘时，不小心把和钱财保险证明之类有关的明细导图删了，于是我又花了3小时，把这些东西盘点出来。后来又花了两小时，把一些重要的合同文件、证件类扫描到印象笔记。可以电子化真好，脱离了物理上的累赘，有时候虽然觉得虚，无法带来触碰的真实感，但也确实自由和轻松。

这些电子资料虽然不是生活的全部或人生的核心，然而这些东西，至少是生存生活的基本保障，可以确保你的温饱、体面活着，进而做点事情，我把它们称为安身立命之物。收纳状态是可以随身带走、一旦发生意外可以立马抓起就跑，甚至来不及带走也会有电子证明。

成语“安身立命”的本来意思是：安身：在某处安下身来；立命：精神有所寄托。指生活有着落，精神有所寄托。

那么对个人而言，钱财就是我们生存、生活保障的“安身”之物，那“立命”呢？就是在这个世界赖以生存、有着自己一套可以自圆其说、即使哪天物质生活崩塌了但核心东西还在，仍可重新建构起来的价值观、人生观、世界观，这就是每个人的精神寄托。

我在设立自己的整理社群B&A整理社时，找了“形象代言人”——一只蜗牛，很多人会问我，为什么是一只蜗牛？

电影《梅兰芳》里有一个反复出现的镜头和一句台词。一个面容模糊的人，双手扣着枷锁，在迷雾中匍匐前行，旁白道：“这是你自己选的枷锁，一生都要戴着。”

联想到蜗牛，从生到死，都背着自己重重的壳一步步前行。这个壳，对于人来说，有没有可能就是家。但怎样才算是家？我不知道确切的答案，但因为厌倦了不停搬家和辗转，我想至少内心安稳可以算一种家的感觉；而这种感觉，可以通过打造舒适美好的带着个人气息的居住空间传达到我们内心。

于是我就用了蜗牛，还有它那重重的壳做标志，这也是一种寓意。我记得当时脑海中蹦出这样的念头：蜗牛及其所背负的壳不仅指整理好家居，还可以为我们提供舒适的安身所在，更意味着我们随身背负的价值观、世界观、人生观、物我观也需要整理和取舍，因为这是我们和这个世界相处友好的“立命”基石。

无论安身还是和这个世界友好相处，我们都可以从中获得归属感，从而获得内心安稳的力量，正如安泰通过脚踝从大地母亲那里汲取力量一样。

怎样才能和世界友好相处？整理自己，改变自己，接受自己，和自己和解，和自己友好相处。如果某一天，通过整理，你非常清晰地知道自己可以随身随时带走的重要物品，又有属于自己的一套善意解读世界、对自己接受和坦诚的三观，那正是安身立命的所在。

## 足够适量的生活带来的底气：去过充实的一生

以非常悲凉的心境，我进入了自己的而立之年。整个工作、生活和人生陷入困境与低谷的我，面对未来的生活，茫然、惶恐、不知所措。回看自己的日常，粗糙不堪。

假如可以重来，我希望早日学到如何耐心地把家务整理得井井有条；做几道可口的饭菜，煲一锅入味暖胃的汤；会逛菜市场，知道如何挑食材，和小摊小贩讨价还价；和大家分享好物，一起讨论精打细算的乐趣和成就感；把很多生活常识装进脑袋，可以从容地处理居所里出现的各种小问题，而不是无助又崩溃地盯着它们，感觉天都要塌了。

当然，也要知道附近好玩的地方，好吃的小吃，有意思的去处，打发时间，发呆闲聊。当别人问起，我能如数家珍。学一点基础护理常识，一点搭配技巧，一点美学。没有实力惊艳，但干净、整洁、清爽、明朗、舒适于我而言已是最好。

做一个温和有趣的人，语速缓慢亲切；微笑，有超强的钝力感。不敏感，不轻易往心里去；很快释怀，不生气，不纠结，欢喜迎来，欢喜送往。

锻炼身体，哪怕只是散散步，看看绿植，吹吹风。始终保持阅读、学习；始终坚持写文、记录。永远保持热情好奇，但又别有体味。

慢下来，再慢下来。

这么一说，才发现，要重新学习的太多；这么一想，才发现，可以去做的事太多了。进入而立之年，我决定停下来，重新开始，回归日常。正不知从哪里入手时，遇到了整理。

完成整理后，最终我留下了适量、必需、对我而言重要的身外物，我开始变得有底气、有决断力、觉察力和追求力，重新分配注意力、时间、精力、金钱，尝试过我想过的重要的一生。

到底什么是重要？伟大的目标、宏大的事业、不菲的身家、成为不朽的名人、扬名立世才算重要吗？不，对我而言，所谓重要，不过是“三有”，有时间、有心情、有余力。

有了这“三有”，你可以有意愿、有趣味、有理想、有目标、有情怀、有故事、有体验、有美好、有无憾、有生活……

有你的充实的人生。

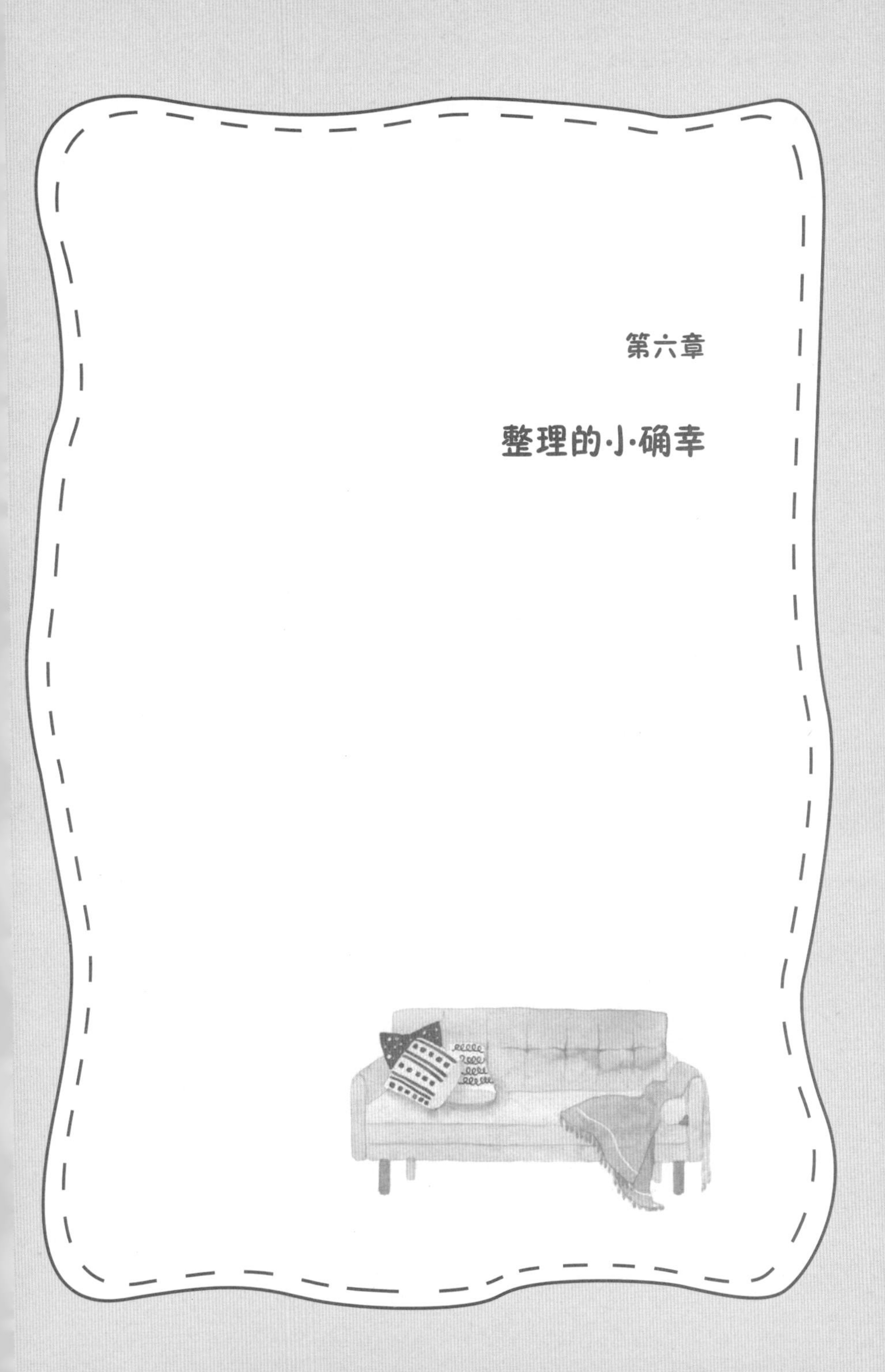

第六章

# 整理的小确幸

## 给自己定义"完美的一天"

周末休息时，如果没有其他安排，早上起来，把每日的事情做完，我会拎着购物袋出门买菜，大型超市虽然种类齐全，但琳琅满目得会让我忘了自己要买什么，即使拿着购物清单，半天找不到、凑不齐，干脆放弃，再加上结账队伍总是长到比我购物的时间还要久，所以我现在基本不去了。

相比较而言，我更喜欢小型超市，该有的都有，没有的我也不需要。采买路线短，结账速度快，基本不会被"拐偏"，而且不排队，正合我意。

因为距离比较远，一般食物储备周期为7天，需要采买的量也很固定。加上对固定买菜超市各种货品陈列非常熟悉，几个迂回兜转差不多菜就买齐了，结账回家。

回家后照例要处理食材，去掉外包装、白色购物袋，肉切成小块速冻，带泥的洗净再放入冰箱。这样处理虽然会多花点时间，但方便下次做饭。这个过程之前大概需要两到三小时，现在熟练了，只花一半时间就能搞定。冰箱储备完，完成周末的第一件要事。看着满满当当又井然有序的冰箱，很幸福很满意。

接下来是全屋打扫。说是全屋，好像工程量很大，其实住的房子很小，就是给物品归位，台面地面放空，方便擦洗和拖地。

每次比较花时间的是衣橱整理。说是衣橱，因为衣服比较少，衣橱进深有50厘米，所以也当作家里的小储物柜。重新调整分层和物品收纳，因为空间剩余的多，也会把瑜伽球和其他杂物都收进来。颜色虽然有点杂，好在少而不挤。

最开始每次还会有衣服流通，后来越来越少。书籍非常少，整理时把所有书目又过一遍，会发现有好多本可以流通。

整理到位了，收纳就足够简单。这个公式大概是：物品适量+空间足够=收纳简单。

全屋整理打扫完，完成周末的第二件要事，也是周末的最后一件要事，很惬意。

热带容易出汗，大扫除下来，浑身黏腻。接着洗完澡，坐在干净整洁空旷的客厅里，一边看阳台落地窗纱随风摇曳，一边吃稍微冰镇过的水果，会想起三毛在《撒哈拉沙漠》里写的：

“（三毛）将城堡关上，吊桥收起来，不听他在门外骂街。放上一卷录音带，德弗乍克的《新世界交响曲》充满了房间。然后（三毛）走到轮胎做的圆椅垫里，慢慢地坐下去，好似一个君王。”

那时我坐在家中，就有一种自己是“女王”的感觉。如果要给这样的日子定义，我会说：完美！

第一次听歌曲《完美的一天》，向往“我有一所大房子，有很大的落地窗，阳光洒在地板上，也温暖了我的被子”。如果再加上海子的“面朝大海，春暖花开”，不能更完美。

现在呢，住在海岛上，无论朝哪个方向走，最后总能到达海边；不再喜欢大房子，知道自己住的房子根本无须太大就足够；每天早上叫醒睡梦的是热带阳光，起来第一件事是打开落地窗，和房子和这个世界说早安。

没有刻意，但又念念不忘，无限靠近梦想。向往的目标没有改变，但向往的剧情和细节做了删除和增加，变成我自己的剧本。这个剧本没有在“大房子”的旋涡里挣扎的情节，“完美”的定义也出乎意料变成居家与日常。

但这个定义我想很完美了。

### 买了不后悔的物件：一个油壶带来的小确幸

前几天买了个油壶，最开始看中的是材质，玻璃；大小也适中。

买回来一用有个意外惊喜，因为瓶口很细，每次倒油量都很少，有助于控制油量。之前油瓶是宽口，一不小心就倒多了。

除非外出，一般在家会注意不吃得太油腻，但之前每次倒油几乎都会一股脑儿地倒多了；这个油壶用起来正合我意，正式列入我的“买了不后悔物件”系列。

虽然流通本身可以非常简单，直接放入垃圾桶即可；但如果物件本身还没坏可以正常使用，而我因为个人原因需要流通，心里会觉得非常愧疚。

越来越不喜欢个人原因的流通，产生不必要的浪费、负担，所以现在增加物件都会认真考虑需求，也会认真筛选，假想购买后的使用场景，是否能物尽其用，努力做到“买了不后悔”。

我的“买了不后悔物件”除了油壶，还有客厅用的折叠桌，用了好几年保温效果依然如初的膳魔师焖烧杯，面板好看、加热特别快的电磁炉，等等。仔细一想，凡是我买了不后悔的物件，都是经历过过渡期、认真筛选才买的；凡是现在家里还没坏但想流通的，都是买得比较“应景”，没有认真考虑、生活过一段时间才发现自己需要的不是这种。

而这个购物消费习惯改变的分水岭，大概就是搬进新家、开始我的身外物“足够适量点”实验。

最开始其实非常克制，经常觉得这个也需要那个也欠缺，后来干脆把购物App卸载了。自我感觉超过一定时间的购物克制（强制性）有个好处，能从盛行的消费主义中稍微脱离出来，从自身出发，看清自己真正所需，而不是迷失在琳琅满目的购物狂欢中。

那如何判断你对消费主义渐渐免疫、开始培养起你自己的主见？留意你的日常，观察你的习惯，了解你的需求点。

希望我的“买了不后悔物件”系列清单越来越长，为此，还要继续关注自己和日常。

## 找到属于你自己的整理方法：飘窗虽好，但不适合我

我的卧室飘窗位置自带栏杆，装修时飘窗台拆掉，栏杆还留着。

住了快两年，这个栏杆除了容易落灰增加打扫量外，无一用处。找人把栏杆拆了，又把它切割成两段，倒立成梯子做衣物晾晒/过渡区，非常完美。

刚装修要拆掉飘窗时，工长说很可惜，为什么不留着？大概“飘窗”这个词本身就很有意境，直接让人联想到下午茶、惬意、放松。

因为空间有限，很多装修设计流行飘窗下中空做收纳，实用与颜值并存，似乎没有飘窗也要创造飘窗。想想是很好，但以我对自己的了解，大概不太会用到它。

因为向阳，在夏季几近10个月的海南，飘窗位置不太适合上午茶、下午茶；台上摆个小茶几，蜷缩着双脚久坐也不适合肩周、腰部亚健康的我。卧室面积不大，飘窗加上床就要占去大部分空间，走动很局促；每增加一个台面，就意味着有放置物品的可能，增加家务量；海南雨天、台风天多，一不小心飘窗估计就要狼藉一片。

除了样板间，意境如此之好的飘窗实际上给我的印象邋遢至极。

之前看过很多人家里的飘窗，堆积着各种杂物——被暴晒得僵硬又发黄的书，枯干的小盆绿植，不知道是什么用途的零件，皱皱巴巴的纸片票据，甚至很多家里直接把飘窗当作储物

的地方，行李箱、被子、衣服、大收纳箱全部堆积在这里……应有尽有，不胜枚举，再扑上厚厚的灰尘，完全没有了飘窗本来的面目。

栏杆拆掉后，没有了竖条纹，视觉更清爽。找出刚搬家时拍的照片一对比，窗外的风景也完全变了。原先因为附近施工，风尘大，很少开窗。现在竣工了，晚上开窗，海风阵阵，自然催眠，不能更惬意。感谢当初的机智，才有现在的小确幸。

美好的物件那么多，整理方法也很多，每个人的生活方式、日常习惯甚至能做到的生活细节也不尽相同。

重要的是，明白哪些适合你，找到属于你自己的整理方法。

## 从整理物品入手，成为你想成为的理想样子

每一期训练营开始，我会让学员先畅想自己想要的家的样子。在描述“想要怎样的家”时，很多学员都希望能够在家享受下午茶或有属于自己的阅读时光。现实是，家里的飘窗、阳台等类似适合下午茶的角落总是堆满了各种杂物；想要阅读，除了有时间，一个很大的前提是要有适宜的空间。

创造物理空间很重要，身处其中，不仅可以有你想做之事的先决条件，还可以时刻提醒你。即使心浮气躁看不了几页，单纯地在适宜的空间里静静地坐上一会儿也很治愈，听听脑海中静谧的空白；久而久之，即使不能一目十行、博览群书，但

至少可以看完几本。

如果没有适宜的空间，单靠脑力提醒和意志力克服，很难。想阅读学习，就把书桌整理出来；想在家喝下午茶，好好布置下飘窗阳台；希望有独处时光，在家里打造一个属于你的个人能量空间。

希望影响家里其他人，如希望孩子多读书，就在家里打造一个读书角，至少书架上不只是作文选；希望家人一起维护家中物品有序，先把整理收纳做好规划好，物品分区固定位置，贴个标签、写一份家居使用说明。

最好的整理或收纳，就是即使没有你在场，别人依然可以直接上手；而你所要达到的目的，从创造环境开始，而不是从家人无法意会或做到的心理期待开始。

在某综艺整理视频中，女主想要打造家的愿望之一是可以让男生喜欢，最好可以收获爱情。于是在整理的最后，在她家的壁橱中，给未来的男友预留了收纳空间。即使已婚，为了家庭关系融洽，也可以在收纳上留出各自物品的空间。

作为起床困难户的我，即使拼上全部意志力和所谓被梦想叫醒，也总是坚持两三天就偃旗息鼓。为了创造可以早起的环境——我把8点之前都叫作早起，后来睡觉之前会特意把窗帘拉开一点，早上五六点天亮我的潜意识就跟着苏醒了，于是早起也变得不那么辛苦。

除了空间或环境，工具也很重要。

在很长一段时间里，我都希望可以学会控制自己的情绪，少怒、多平和。但和前面说的一样，靠意志力控制和压制真的很难。

于是我记录下每次情绪变化的触发场景，然后发现非常重要的一点：工具的好用与否直接决定我的情绪。比如，换了苹果手机，很少出现卡顿死机，心情大好；换了Mac，无论网页浏览、文字编辑排版还是文件传输，流畅到悔恨没有早下决心更换笔记本电脑，心情大好。换了不粘锅，即使厨艺负功力，也很少出现烧焦、刷洗半天依旧黑乎乎的情况，心情大好；自从有了自己的代步工具，都快忘了对公交车望穿秋水的绝望感，通勤时间可以明确计算时心情大好……

主动选择好用的工具，哪怕花费比原先预算多一点，也要远离那些体验非常糟糕的物品。装修房子时，天天有快递。那一阵印象最深之一的是天天和卖家吵。吵完回看自己，一副狰狞的样子，特别沮丧。但吵着吵着也清醒了，价格就在那摆着，能好到哪里去呢？所以后来改变了消费观念，选择购买少而精而美也贵的物品，也许并非审美提高了，而是觉悟了：买的不但是精美又贵的物品，也是物品背后的质量、专业的客服、反馈问题及时解决的售后。

这一连串的美好体验，都要从选择物品入手。远离让你抓狂的卖家，让你失控的人，让你陷入不好情绪的音乐，让你愧疚感十足的食物，让你不由自主变成不喜欢的那个自己的场景、时刻。

想要成为想成为的那个自己，归根结底是由环境/空间、物品、人、事堆砌起来发生综合反应的，绝不仅仅是你一个人的事。而这几个要素中，整理物品是最容易实现的。

成为你想成为的理想样子，从整理物品入手吧！

## 整理，遇见更好的自己

有一次上课，一位学员对我说：整理100天，我整个人和家都焕然一新了，整得自己都不认识自己了，原来一切可以变得这么好，这种感觉很奇妙。

很奇妙的感觉，我经常也有。

坐在客厅里，看着居所空旷又丰满，很奇妙；站在衣橱前，看着衣橱尽收眼底却没有从前“总是少一件”，很奇妙；有一天醒来，突然没了非做不可的事，少了焦虑和恐惧感，很奇妙。整理就是一道道奇妙的不等号数学题。奇妙的感觉就像，原本你只是“看到”，突然却“看见”了。

“看见”了，走心了。

生命的孕育需要10个月，不同阶段的重生，所需时长却不相同；最怕积重难返。哪怕已经完成彻底整理，现在我依然在收获自己的“奇妙”、自己的信念：尽力体验，不负今生。

做一个爱整理的人，集中，流通，分类，物有所归。关心时间和空间，在自己的房子里，过足够适量、舒适自在的生活。去做想做的每一件细微之事，体验它们，找到幸福感，温暖生活的每一个时刻。

希望有生之年，做了自己想做的重要的事，过一个自己觉得重要的人生，能够陪伴爱的人，持续稳定地幸福着。

## 从物品变化，发现你的进化

我的衣橱实现不换季完全无压力，但在海南夏季很长，厚衣物长时间挂着会褪色，昨天把衣橱重新清空整理。

两分钟全部集中完毕，筛选流通了一件半身裙、一件连衣裙、两件衬衫、一双高跟鞋并分类完毕。厚衣物拿去晾晒，夏季衣物有起球的单独拿出简单修剪。顺便把所有衣物上的标签剪下来。

整理完一看，衣橱又有了细微变化，从款式到颜色再到数量。衣橱整理已经迭代很多版，从最开始的臃肿到现在的清爽，有了好多次的优化。

搬进家徒四壁的新家时，没有衣橱，只有两个简单的落地衣架。去年冬天安装了简易开放式衣橱，第一次整理时还挂得满满当当，这次整理，夏季衣橱悬挂区却已经空出一半。

站在衣橱前，我发现整个衣橱的颜色太暗，继续再添衣服时，就会将颜色清爽起来。曾经的目标是不换季衣橱，实现了以后，又因为气候的关系，终究选择了适合衣服保养的换季衣橱。

但冬季衣物其实只有不到10件，而且只是在同一个衣橱向上挪移，似乎也没多大影响。无论衣服风格、鞋跟高低，还是愿意花时间就为剪个无大碍的标签，总能发现自己的进化。

这种进化，在日常起居物品使用中，随处可见。从自己衣服的变化再到所有日用品的更新迭代，窥见了时代变迁、科技进步、生活方式改变的痕迹。当然，更重要的是，也有自己的

进化，对待物品的耐心、消费习惯的改变、年纪渐长喜好审美的提高等。

这种进化，如同岁月沉淀的馈赠，从中看见了自己的成长与成熟。

## 如果有多余的金钱和时间，你想拿来做什么？

在某知识平台答了一个问题，“如何不花钱提升自身素养？”当时我列了几个途径，总结起来就是充分利用公共设施。有人给我留言：都不花钱，那你的钱拿来做什么？在《厉害了，我的厨房》这本书里，作者提出了一个问题：如果能高效地做完晚餐，那在节省出来的时间里，你想做些什么？书中列了几个参考，发一会儿呆，安静地喝一杯咖啡，读一本杂志，看一部电影，做一会儿工作，睡一会儿觉……

其实，可以做的事情有很多，而且用节约下来的金钱和时间做额外的事情，可以转化为动力。节约金钱和时间不是终点，而是用它们来实现自己想实现的想法。这种动力有时候甚至可以帮你克服很多毛病，如浪费、爱面子、拖延、重复低效却不思考。

因为这时候你会想：我有更想做的事要做！

大学时和一位同学闲聊，知道她去过很多地方，甚是羡慕。那时我非常渴望寒暑假也能四处走走，但自认为不像她无须担心旅行费用。听我这么说，她转头非常正式地看着我，说：这都是我自己省出来的。你要是真想去，就专门存这笔钱，别动它，够了就去！

听了她的建议，我真的开始攒起钱来。到了暑假，还真让我有了一笔钱，第一站就去了北京，在天安门广场看了升国旗。虽然人多，但自己居然站到了第一排，离国旗护卫队那么近，心潮澎湃，难以忘怀。

整理完以后，如果有多余的金钱和时间，你想拿来做什么？这个问题太值得思考了。

即使什么也不做，有勇气敢放假，发发呆，走一走，晒晒太阳也挺好！

## 重新寻找觉知力与爱的能力

很多人开始整理时，会把“不复乱”“极简”“空无一物”当作自己的终极目标，也会把一些心仪的家居样板图作为追求目标。

但在所追求的目标实现之前，在渐渐靠近理想状态的过程中，我们身上发生了微小的变化，不知道你注意到了没有？

比如，你开始清楚意识到，收纳空间是否饱和，空气是否流通，灰尘是否积攒太多急需清扫。物品的量是否适当，备用品够多长时间使用，哪件衣服或鞋子需要特别保养、熨烫、修补或已经不再需要，怎么收纳物品可以达到最舒服的状态，家里最常用的物品是哪些，而那些好几年躺在家里没用的物品可能第一次让你意识到它们的存在年限。

比如，你开始清楚去写下自己、父母、孩子、伴侣的起居生活习惯，日常不断重复的小动作、微小的整理意识、不经意的收纳维护、生活的小确幸，似乎都开始进入你的眼帘。

开始整理的人，正在学会重新审视、觉知原本我们习以为常的日常，觉察和感知身边的人、空间、物品和三者所串联起来的生活。

这就是整理所带来的觉知力（觉察力或感知力）的提升。

曾有一位学员在群里发问，“我现在对什么事、什么物品都很麻木，衣服就是衣服，毫无特别，更别提心动或重要的感觉，我该怎么办？”这就好像年纪越大的人总会恐慌地发觉，自己失去了爱的能力。

归根结底，人类是一种感官动物。怎么办呢？这事，真的只能你自己来。重新面对日常，整理物品，梳理关系，调整方向，在呼吸间、触碰间、点滴细节间，提升觉知力和爱的能力。这种能力的提升，正在重新养成我们细腻的情感、丰富的体验，学会张开双眼，伸出双手，欣赏生活这条路的沿途风景，拥抱当下的瞬间。

无论你的终极目标是什么，对生活、对物、对自我的觉知力以及爱的能力的回归，都是整理无偿馈赠给你的。从触碰开始吧！

## 自我保护能力促使我们整理！

地理上有一个概念，叫环境自净能力。这种能力指的是，自然环境可以通过大气、水流的扩散、氧化及微生物的分解作用，将污染物化为无害物。但无论哪种自净能力都是有限的，这种限度就叫环境容量。当污染物数量超过了环境的自净能力时，污染的危害就不可避免地发生，整个地球生态系统都将被破坏。

而人、家、办公室、电脑等，独立来看，都是一个闭环的小环境。我们对自己及所处的空间有自净能力，可以通过打扫、收纳管理好一定量的物品，使房间恢复干净整齐，如同环境“恢复原来的状态”。

但这种自净能力也是有限的，姑且就叫它“人的容量”。当物品的混乱程度或物品的量超过我们所能付出的时间、空间、精力时，它们就破坏了我们的心情、效率、生活、工作、人际关系，甚至整个人生。

怎么办？整理，筛选取舍，做减法。

迫使我们开始环境保护的动机，并不是担心地球的整个生态，而是人类自身的存亡。这是人类的自我保护机制。同样的，整理的开端也不是为了物品或空间，而是因为它们已经影响甚至阻碍了我们对美好生活舒适居住的追求。这是人的自我保护机制。

自净理论，同样适用于你的情感、过往回忆、原生家庭。

人类从古至今都在做的一件事，就是如何自我保护。一旦空间、生活超出你的控制范围，开启整理吧！

## 做好自己，让家人也变得会整理的妙方

有位讲书老师说，很多人听了他讲的书，觉得非常好，就说：要是我的老板听到就好了，要是我老婆听到就好了，要是我老公听到就好了……

一旦知道什么好东西，我们似乎总是一下子希望我们希望的那个人率先做到，似乎需要改变、需要变得更好的总是别人，全然不顾自己的情形。

王石在一次演讲中，告诉大家要好好吃饭、睡觉、运动。

这种话很多人都会说，但没有说服力。王石有，因为他做到了。不仅做到了，还做到了极致。不仅做到了极致，还做到了让别人难以企及，难以望其项背。

普通的话，你说，名人也说。但更有说服力的永远是他们。为什么？你以为说服大家的是话，其实不然。就像王石，表面看大家接纳他的话，实则是接纳他背后的付出。

想要对方改变，说出的话总要有信服力，这个信服力就是自己这么说的，也是这么做的。或者已经这么做了，才这么说的。费尽心力而收效甚微的劝说全都因为你自己没有做好表率，那凭什么要求别人呢？

很多接触整理的人，觉得整理真好，就说：老公你应该这样，老婆你应该这样，孩子你看看别人家的孩子。包括对男女朋友，不一而足。一旦这些人没有按照自己所愿，便开始纠结、失望、怀疑。那么你自己呢？

想要劝说家人身边人开始整理，最好的办法是先把自己整

理好。近藤麻理惠在她的书中说：让家人也变得会整理的妙方是暂时把精力专注在自己的整理工作上。

等到有一天，当你变得井井有条、干净整洁、整理得当、收纳有序，家人也会不知不觉行动起来。

## 微辣是多辣？

有一次吃酸菜鱼，服务员问要不要辣，本来我已经积攒了很多经验，理智也一直提醒我，但还是不死心地要了微辣，一点点辣就好。

服务员胸有成竹地说知道了。结果菜端上来，吃两口我就后悔了。

路过一家面店，点了一碗肥肠酸辣粉。服务员问要不要辣，我再次点了微辣，一点点辣就好。

刚坐下不放心我又折回去，特意叮嘱：一点点就好，肥肠不是本身就带辣？那种就好。服务员不耐烦地嗯嗯嗯。结果端上来，还没吃看颜色我就后悔了。

要是有克数，可以计量，我会直接说出来，但“微辣”没有，它的浮动区间取决于你的饮食习惯和饮食文化。

从足够多的“微辣”冲突中，我突然明白，要是连“微辣”这种事都没办法彼此认同，那从不同年代环境文化教育中走出来的我们，生活方式、价值观相同或调和这件事根本不可能。

不如就互相理解吧。

## 拿什么拯救你，一夜之间袭来的厄运？

厄运来临，大概最不能被吞噬的就是日常之力。最糟糕的不是厄运本身，失去日常才是。

一碗粥，一个热水澡，一次日晒。

于是你会发现，这世上，那些微不足道的事情却是人类存活至今的秘密：吃、喝、睡，以及温暖洁净。

感觉再也无法忍受时，就搬个家吧！

有人在公众号后台给我留言说，她要搬家了。我很想说，恭喜！搬家在我看来，是整理的绝佳契机。

我自己就搬过N多次家。从南到北，又从北到南。第一次出很久的远门，收拾行李时，不知如何是好，零零碎碎收拾了一个多月。刚巧那时在读杨绛的《干校日记》，有一句话印象深刻，大意是：没什么可收拾的，无非是轻装上阵。那时她刚被通知下放农村，写了临行前的琐事。看到这句话，我一下就轻快了。

日剧《我的家里空无一物》中有两次搬家。一次是地震后，麻衣家原先的房子倒塌，她妈妈和奶奶临时租了个小屋。她们只从原先堆积如山的家里搬出几箱东西，当时麻衣妈妈说了这样一句话：原来真正需要的东西就这些啊！

第二次搬家是新家落成后，麻衣、她老公、妈妈、奶奶分别搬进新家。同样是搬家，麻衣和她老公的东西依旧很少，但妈妈和奶奶还是照单把所有东西都搬进来。所以，搬家虽然是一个绝佳契机，能不能做到却看个人。

日本极简主义者佐佐木典士在他的书《我决定简单地生活》里也提到了搬家。当时他决定简单生活，逐渐处理了家中大量的书籍和杂物后，终于可以轻松地搬离住了10年的房子。而之前也多次考虑搬家，每每都因物品太多而作罢。

古语有云：置之死地而后生。也许搬家就是整理的死地，也是彻底真正整理的契机。唯有搬家，你才能跳出自己的生活居所，也更加明白你能带走多少东西，你真正需要多少东西。

在那些忍耐的日子里，时机永远不会到来，到来的只会是麻木和接受，在很久以后的回忆里变成“当初”。归根结底，你只有找到自己最舒服的姿势，才能真正安静下来。如果你知道自己真正想要什么，没必要忍着、等着、盼着合适的时机。

感觉忍无可忍时，搬个家吧！离开一间房，一个居所，甚至一个城市，开始新生活。

## 珍惜心力，别戴着脚镣跳舞！

没有谁不想美，不想活成别人艳羡的样子，不想从容、优雅与淡定，不想在繁重的日子里依旧云淡风轻。问题在于，你的心力富有余力与否。

毕业实习时，我在学校墙上看到一句话：教育是一门艺术。生活亦然，生活中的任何事，做对了是一件事，做好了却可以成为艺术。有一次看到一个故事，医生给患者绑绷带，收

尾的时候认真地绑成一个蝴蝶结。还有，日本的便当是出了名的花样好看，图案精美，即便是中午就要送入腹中。有些星级酒店或高档餐厅，会认真地把毛巾、餐巾折出花，挂画摆花，播放舒缓悠扬的音乐，让空气中弥漫着浪漫的香氛气息，贵就贵在这点穷讲究似的美好体验中。

你可以随意地把衣服塞入衣柜，也可以用心地把它折好，竖立起来。可以不分先后排列收纳，也可以根据颜色、薄厚等顺序收纳。

好的收纳，就是家中的艺术品，虽然物品还是那样，却因排列组合精心设计而呈现出艺术般的美感。

无论是教育、蝴蝶结、便当、餐厅酒店还是收纳，技巧其实不难，学会甚而精通只是时间问题。但能否做成艺术，却似乎与技巧无关，而与热忱有关，更与心力有关。

“我很累，光是为了应付众多事情、把它们做完就已经耗尽所有的精力了，哪还有心力把它们绣成花？”是不是经常听到这样的话，或者自己也这样说过？

但有些烦琐和枷锁似乎是自己给自己套上去的，自己能选择和决定事情、物品的多少，比自己想象的多。比如，把10件衣服仔细打理、折叠、陈列，和把100件衣服简单挂起来，哪个快，哪个简单？毋庸置疑。

别相信故事里说的，戴着脚镣跳舞是一种美；别相信一次要做10件事才是精英人才，别相信一个人一定要胜任无数事情，别把忙成陀螺拿来炫耀，别把我有100多条裙子当成幸福……它们都在透支你的心力。

我们并不一定要把生活中的一切都绣成花，而是要始终提醒自己：别让过多的物品和外界使你提前心力衰竭。

珍惜心力，别戴着脚镣跳舞！

## 及时整理，保证日常顺畅

你有没有一种感觉，事情总赶到一块儿去了，然后生活就乱成了一锅粥？

小学时放暑假去另一个城市的姑姑家住。一天，她发现我衣服扣子掉了，当下就叫我立即把衣服换下来给她缝，用不知道是严厉还是语重心长的口气和我说了很长的一段话，大意是：无论扣子掉了还是任何小问题，一旦发现就要及时处理。

不管当时我有没有蒙圈，反正印象深刻，记到现在。

大概是受潮的缘故，有一阵家里门的锁好像里面生锈了，特别难开。要么钥匙很难插拔，要么锁扣转不动，每次开门都有种拿错钥匙、走错门的感觉。心里想着要滴油去锈，拖了好长时间也没做。终于有天着急上班却因为拔不出钥匙差点迟到、赶车加速几度惊险，终于忍无可忍，回家马上拿油来滴，后来开门都是半秒钟的事。然后想起车锁也是这个毛病，顺便给车锁也滴了。那时真想对自己的拖延骂一顿，活该！

就像“破窗效应”一样，如果生活中有一件很小的事没有及时处理，奇怪的是，不好的事情就会接二连三地发生。虽然你不可能效仿自己给自己搞破坏，但那件事也许就是裂缝所在。它们最终超过你的负荷，于是你只能关机重启了。

不知从什么时候起养成习惯，每次用完灶具锅具餐具，都会顺手清洗；衣服换下来、晾晒干及时叠挂归位；淋浴完及时处理水渍；有灰尘垃圾及时清扫丢弃；头天晚上提前把第二天出门的物品、衣服准备好；假如去不熟悉的地方，提前预算时间、规划路线；预计工作量会多起来的时候，提前把能做的准备工作做好，化整为零；答应别人的事，也会尽力在能力范围内、限定的时间里做好；等等。

但每逢事多、精力不足时，心境似乎也不好，每次回家只想洗漱完毕快快休息，往常的习惯懈怠了，不仅日常生活起居工作繁乱，而且不断有额外的冲突事故发生。

一遇放假的第一天，没有特殊情况，必定大扫除。该晒晒，该洗洗，该擦擦，该扔扔。不知道是阳光的原因，还是大扫除的缘故，整个房间一改阴霾灰暗，变得透亮清爽，心境似乎一下子好了，整个人焕发出活力。

日常不会没有缘由就状况百出，生活也不会无缘无故就乱成一锅粥。养成良好习惯，再繁重的时期，生活琐碎，也要及时整理，保证日常顺畅。

## 整理不是简单的物理移动，而是高密度集中选择的过程

菜鸟最开始学煮饭，最手足无措的状况大概是油入锅的那一刹那，另一个就是一不小心东西就焦黑出境界。但是假如你拥有一个不错的不粘锅，煎炸就变得轻而易举，会对自己厨艺一下重拾信心。

完成一件事情的难易程度究竟要怎么评判呢？无法言说。但可以肯定的是，选择好用的工具时，会降低完成这件事的难度，从而降低成功的成本。

是的，选择好的工具至关重要。

选择入口的食物也是一门大学问，不同颜色的食物，所产生的营养价值不一样，如红色补心，橙色对皮肤和眼睛好，黄色能抵御慢性疾病，黑色能护发黑发。绿色更不用说了，是减肥和维生素的代表。因此，你吃什么食物，就会得到一个什么样的身体和面貌。或者也可以反过来说，你想得到什么样的身体和面貌，就吃什么。不同的饮食习惯会影响每一个人的外在，甚至个性性格。

人始终是一种动态的存在，永远都是可塑的；即使年纪越大越顽固，但依然可塑，只不过重塑所花费的时间更长。这个可塑的过程小的时候会有学校、父母来影响，但越大，这个可塑就要靠你自己来完成。

怎么实现呢？就在于我们的日常，选择吃什么、穿什么、听什么、看什么；总而言之，就像程序，选择输入何种代码，我们就会运行成代码所指令的样子。

大部分不曾被好好善待过、或多或少受过伤害的人，都不太会善待别人，甚至会因此产生一些偏激的想法。比如，男女交往，因为交往过渣女渣男，就会得出这样的结论：世上没有一个好女人/好男人。

父母相处的模式是和谐幽默还是争吵仇恨、分手后是互相祝福还是反目成仇等，都会影响甚至是决定我们最终的样子。

每个人都在努力和这个世界和平相处，寻找平衡。有的人找到了，他们内心充盈丰富，淡定从容，对世界对他人对自己宽容友善。

他们是怎么找到的呢？一定是慎重选择了围绕在他们身边的氛围、来往的朋友、交往的恋人、相濡以沫的伴侣。

我们成为怎样的人，都是上一秒、上一分、昨天、前天、去年、前年乃至过去所有岁月选择的结果。而整理久了，慢慢会发现，从取舍、分类、掸去灰尘到收纳、摆放、装饰不过是表面工作，归根结底是一种选择。

选择那些降低事情难度提高成功率的工具，给你正能量的物质精神食粮，让你相信真善美，相信世界温暖，相信人情至好。

从某种意义上来说，选择流通不合适、不舒服、不需要的物、事、人，反过来就是你学会选择留下合适、舒服、需要的物、事、人，这些合适、舒服、需要的一切就是你整理后选择的生活。

整理不是简单的物理移动。它是一种高密度集中选择的过程，它是烧脑的，让人头疼的，它需要你的决策力判断力。

但一旦开始选择，你的生活就将开始有所不同。

## 每天什么时间打扫房间最好？

你有没有这样的经历，忙了一天，累成狗，回到家却一片狼藉，心里就会莫名地更沮丧无力？甚至还会不知所以然地绝望，接着各种琐碎烦恼、往事、委屈、哀怨悲愁涌上心头……

记得有一阵经常要上晚班，回到家已经很晚了。每次开门，看到整齐干净的房间，疲倦就会一扫而光，沉重的身体也会变得轻快许多。这时候就会特别感谢早上出门的自己，多谢自己在早上出门前就把屋子整理了，晚上回家才能轻快地洗漱休息。

偶尔出门急了，来不及收拾，深夜到家，看到水槽里待洗的锅碗瓢盆、衣服散乱各处，原本疲惫的身体似乎雪上加霜，要非常非常努力提起万分精神，才能坚持着把它们收拾好。更多时候，直接无视，洗漱倒床就睡，第二天再收拾。

有人说早上人的思维最敏捷，来自外界的打扰也最少，可以看看书、写写文字或学习新东西。但我好像更喜欢趁着早晨空气清新、体力充沛、神清气爽时花点时间把房间整理下。出门前看着干净整洁的房间，再心满意足、满心欢喜地出门。

有调查显示，地铁里早上起冲突的概率低于晚上。这是因为，休息了一夜，早上人们的精神状态更好，比晚上更友善，更耐心，更宽容；而晚上，累了一天还要在地铁里挤得变形，整个人莫名地膨胀，一点就炸，上班的人都会懂。

所以，如果你有开头所说的烦恼，不妨调整一下整理时间，早上出门前就把房间收拾妥当，给晚上的自己减负，给自己一个干净整齐舒适的空间。

早上没时间？通常只要早起10—20分钟就够了。起不来？取决于你自己。

对大多数初步想要整理的人来说，模仿才是硬道理！

很多人说，我想整理，我想拥有理想的居住环境，但我不会。

其实让很多人说出想要整理的效果，他们也说不出来。他们，也包括曾经的我，只知道不喜欢什么样的居所环境，但真要说出心里向往的样子，又说不出来。

在装修之前，对想把房子装修成什么样子我毫无概念。

后来，在浏览一个装修帖时，一个女生的几句话让我如梦初醒：看图片，天天看，各种看，看多了自然就有美感了，也知道自己想要什么了！

那时候我天天看各种整理分享、装修帖子，很多家装公众号的更新都会看，按照客厅、玄关、卧室、厨房、卫生间、阳台等不同功能区看了大量案例，遇到喜欢的、清新、精致、是自己想要风格的图片，都会保存下来，当时的手机相册里全是这些图片。

装修之前天天在网上刷各种装修帖，看各个高票回答，还会把他们的经验、技巧、在哪里淘到好货等都抄下来。

所谓观千剑而后识器，操千曲而后晓声。找各种家居图片，多看看别人家的布置，找到你喜欢的，一千张，一万张，相信我，你的审美会噌噌往上涨。

当然，想要达到理想家居图片上的那种效果，还有很长的路要走。如果预算有限，效果更会打折。不过，很多你喜欢的家居装修、布置风格都不是一蹴而就的，很多人甚至会花一年、两年来慢慢布置，所以不必着急，如果真的遇不到喜欢的，不如空置着。

所谓专业的事情要擅长的人去做。既然我们都不是设计师，也不是色彩专家，更不是人人天生自带美感，不如就找那些你觉得就是你梦想中的家居图片来整理、布置。

不知道怎么整理和想打造怎样的理想家居时，不如先从模仿开始——先得知道房子还可以是这样子的。

## 苏菲：获得爱情和过上自己想要生活的秘密

《哈尔的移动城堡》里的苏菲是我最喜欢的角色之一。

被荒野女巫下了魔咒，一夜之间，苏菲从少女变成老太太。思虑再三，她决定出门，往南方走，到荒野去寻找破除魔咒的方法。后来，在同样被下了魔咒的稻草人的帮助下，苏菲登上了哈尔的移动城堡，有了容身之处。她是这么跟哈尔介绍自己的：我是城堡里请来的清洁女佣。

这个城堡完全是一堆破铜烂铁堆积起来的，到处都是灰尘、垃圾、蜘蛛网、杂物。男主哈尔的浴缸生满了苔藓、被染料染成难以描述的色彩，脏乱程度，可见一斑。

经过苏菲的打扫，整个城堡焕然一新，整洁又干净；如果不是经常有人敲门，送来一张张的参战邀请函，这里甚至是安宁的。

不仅如此，苏菲开始上街采买食物，打理起城堡的一日三餐。这个城堡，开始有了家的气息。后来剧情发展，善良的苏菲还接纳了给她下咒的荒野女巫和来监视他们的狗，这个城堡开始热闹起来。

最后，当哈尔的小徒弟误以为苏菲要走的时候，立马扑入苏菲的怀抱，说他喜欢苏菲，恳求她不要离开。

《哈尔的移动城堡》结局是圆满的，就像童话故事里结局说的那样，苏菲和哈尔最终过上了幸福快乐的生活。而这个城堡，也从一开始的晦暗和笨重，变得绿意盎然，轻快明媚。哈尔和魔鬼的交易终止了，苏菲把哈尔的心重新换回来。稻草人变回了王子真身，荒野女巫最终也成为一个愿意成全的老太太。甚至战争也到了停止的时候。

而这一切的改变，都得益于苏菲的到来。这个身上自带光芒和家的气息的女人，其实并没有做什么，只是让城堡和周遭的一切干净、整洁、有序起来，一件事一件事地去解决，最终获得了所有人的喜爱。

而自始至终，苏菲都没有找到破解荒野女巫魔咒的方法；甚至她都没有刻意去找这个方法；她只是在每日打扫洗衣做饭和爱哈尔、为自己和哈尔的爱情争取生命和时间的过程里，做好手边事，从容、淡定、坚强、付出，从而慢慢找回自己，变回自己最初的模样。

不论何种境遇，哪怕深处暗夜，或是遭遇不幸，如果还有温暖的家，干净充满阳光气息的衣物，有一席之地可以安然入眠，那么，至少你还可以拥有一丝的安全感，来面对一切。

第七章

# 整理的99个创意

1. 全屋拍照。

整理之前给全屋拍个照。全局的，局部的；打开柜门、拉开抽屉，总之多拍点。从照片中看自己每天居住其中的家，会有一种旁观者的惊讶：物品这么多？怎么这么乱？真该整理啊！

2. 收集家庭基本信息。

尽可能多地了解和收集家里每个人的起居习惯和日常动态，记录下来，作为整理规划或购房面积的参考。怎样详细都不过分，而且一次收集，终身受益。

“住得舒适自在”这件事是很私人的，每一个小癖好都值得尊重。

3. 了解房子的尺寸。

装修、整理时，家里沙发茶几买多大，电器尺寸多少才能放进这个角落，收纳筐哪个型号刚好能放进柜子里且不浪费，要解决诸如此类的问题，真得标配一个量尺。

4. 做个计划。

空间有限，物品有限，所以整理一定是有尽头的。3个月、半年、一年，无论多长时间，给自己一个期限，让完成整理这件事不再重复和遥遥无期。时间安排可调整，但不要无限期拖延。

整理计划就是要让整理看得见尽头，尽头过后是新风景、新生活、新人生。

5. 同类物品集中整理。

第一次整理时，不按空间，按物品类别把同类别物品全部集中在一起，感受一下它们的量。

6. 计时。

每次整理需要花多长时间？集中物品花多长时间？筛选物品花多长时间？收拾归位花多长时间？给自己计时。之后定时30分钟。

7. 整理量化记录。

家里有多少物品？每次流通了多少件物品？保留的物品能用多久？每次购物需要给家里采买日用品够用一个周期吗？都可以计算下数量，记录下来，时间久了，自然都有数了。

8. 同类物品细分收纳。

每个物品都要有自己的固定位置，即使同类物品已经集中收纳了，也要细分再细分，直到不能再细分为止。

9. 流通各类过量、非必需、用不到、长期闲置、过时、过期等物品。

给家里减负减重，你自己也是。

10. 用不到的大件？也在流通范畴内。

流通的唯一原则是你还会不会再用它。如果不会，无论多大件都在流通范畴内。

11. 流通塑料袋、外包装、纸箱、购物袋……

购物时，这些能不要就不要，从源头上控制家中塑料袋、外包装、纸箱、购物袋等物件的数量。

12. 衣服分类收纳。

最重要的是找到属于你自己的衣服分类方法，而不单纯考虑衣服类别本身。其他物品分类也是。

13. 衣服折叠竖立收纳。

节约空间，提升衣橱收纳容量，方便拿取。最重要的是，慢慢你会爱上叠衣服时的心情体验。

14. 衣橱风格统一。

你的穿搭风格统一了，衣橱风格就统一了。

15. 怕散乱？用分隔板。

给每一个小件物品固定位置时，没有比分隔板更好用的了。

16. 衣柜设计不合理，衣服堆叠？借助抽屉。

借助抽屉，让柜子进深和上层空间也能好好利用起来，实现竖立收纳，方便拿取。

17. 细分再细分。

收纳时，对物品的分类，一定要分到不能再细分为止。

18. 别团袜子了，要对折竖立收纳。

所有会让衣物失去弹性的折叠方法都尽量不要用，可以延长使用寿命。

19. 认不出哪件是哪件？将图案朝外。

折叠衣服时平整的图案可以朝外展示，方便辨认。

20. 做好整理工具准备。

防尘、防干燥、防虚脱、防再也不想整理。

21. 贴个标签。

提示、备注、备忘都可以贴个标签。

22. 数据电子化。

纸质资料、身份证、银行卡、其他卡片等扫描使它们电子化，存在云端，方便查找。

23. 尝试叠衣服。

衣物堆叠混乱，拿取不便利，用竖立收纳法试试。

24. 除非是一模一样的物品，不然收纳时不堆压、堆积、多层收纳。

25. 资料备忘。

重要的资料一定要记得备忘，无论硬盘还是云端，防患于未然。

26. 钱花哪里去了？整理统计分类一下。

分类，记账，清楚花销。

27. 最理想的收纳状态：适量、必需、一物一位。

28. 整理可以很简单：集中——流通——分类——收纳。

29. 锅太占面积？竖起来。

利用锅具收纳架，把锅竖起来，除了能节约空间，还能尽快晾干。

30. 上层空间利用不到？置物架用起来。

可伸缩调整尺寸的置物架，既可以充分利用柜子上层空间，也可以避免物品收纳堆叠。

31. 柜子太深？使用滑轮收纳筐，不再伸手到柜子深处淘东西。

32. 记录与量化生活。

33. 空间不够？小物件太多？利用缝隙收纳工具实现隐藏收纳。

34. 家里有特殊的、不好收纳的角落？定制收纳工具也是一种方式。

35. 一看就烦？清空试试。

餐桌上的物品摆放太多，无形之中给就餐造成了极大的压力。把餐桌上不相关的物品清理和物归原位后，吃饭的时候，心里都感到无比愉悦！——学员

36. 保鲜盒和盖子分开收纳，锅和盖子也可以分开收纳，这也是一种集中。

37. 小家电太多？收纳规划时集中收纳。

38. 瓶瓶罐罐拿取频繁麻烦？收纳筐搞定。

39. 能上墙的统统上墙，工具统一。

40. 间隔收纳七分满。

41. 用好看的器具，还有防滑垫。

42. 买来的食物处理完再放冰箱。

43. 用点工具，除衣物外，可以竖立收纳的竖立收纳。

44. 干净、整洁、平整是一种格调，是一种品质，也是一种装饰。干净整洁会让家里发光，干净整洁也会带来好运。

45. 台面无物。

46. 分装瓶，拒绝花花绿绿。

47. 不堆叠翻找，自制竖立收纳小工具。

48. 固定位置。

49. 去除多余文字、标签、信息等。

50. 一人一地盘，清晰有界限。

51. 鞋盒统一。

52. 颜值取决于摆放出来的都是美的、好看的。

53. 给客人准备一次性拖鞋。

54. 方便打扫？地面放空。

55. 找不到数据线、不知道有多少条？集中捋一下。

56. 电脑桌面放空。

57. 清理不用App，建立App文件夹。

58. 照片限量保留。

59. 花点时间把网购收藏夹、购物车删减了。

60. 保留适量、必需、重要的信息来源，订阅的公众号从500多个减到121个。

61. 信息极简。

62. 安身立命之物放一起，拎包就走。

63. 去掉证书外壳。

64. 抽屉乱糟糟？使用分隔工具分类和固定。

65. 小工具太多？一格一格分开。

66. 钓鱼、高尔夫、滑雪……特殊用品都是大件，必须安排收纳空间。

67. 豪车里别装乱七八糟的物品了。

68. 让功能清晰：卧室就是用来睡觉的，餐桌是用来吃饭的，跑步机是用来跑步的。

69. 简单粉刷、组装、剪裁后，旧物也能换新颜、新功能。

70. 教孩子玩具整理：清空、集中、筛选、分类、收纳，地面清爽。孩子做得到。

71. 分开收纳、各自整理。

72. 一起来整理书包。

73. 打造适合孩子年龄、身高特点的整理环境，让“孩子，你自己拿”成为可能。

74. 看不见、忘记收在哪里？可视化收纳。

75. 玩耍场地不固定？推车。

76. 方格太难收纳？改成收纳抽屉。

77. 孩子还不认字？标签用图案、照片。

78. 带孩子一起参与你的整理与流通过程，好习惯要从小培养。

79. 换个装饰，也能实现心情转换。

80. 换块桌布就能换个氛围。

81. 空间太空，试试摆一瓶鲜花。

82. 香氛让空间更加迷人。

83. 展示空间收纳三分满。

84. 绿植这样的装饰绝不会错。

85. 把喜爱的小物件摆出来，每天都被它们围绕，幸福感满满。

86. 一日三餐也可以摆个盘、搭个色。

87. 在收纳的基础上讲究点美感，精益求精。

88. 节日需要仪式感，平凡日子因节日而不同。

89. 打造自己喜欢待的角落，放松、治愈。

90. 想要的家的样子、想成为的自己的样子，贴出来做成照片墙，一个个去实现。

91. 在整理中重新认识自己，在物品中窥见发现奇奇怪怪的自己。

92. 曾经在一起的美好回忆，因整理重温。

整理时，翻出好多以前的东西，居然还看到了和先生恋爱时互换的日记本。十几年前的事好像就在昨天。——学员

93. 每个人都是独一无二的，拥有什么样的物品全由你选择，所有的小癖好都值得尊重。

94. 治愈“找不到”。

常常找不到的指甲剪，通过整理21个大集合，再也不会找不到了。——学员

95. 时代的痕迹、过往的岁月，活在当下。

翻盖的手机，还贴了胶布，十几年了早就被智能手机抛在旧时代里。再用不到，流通，再见。——学员

96. 查看那些保留最久的物品，是什么，为什么保留。

97. 越整理越爱自己的家。

98. 过重要的一生。

99. 生活没有完美，人生不会有100分，每一年都更上一层楼。

第八章

# 整理的100个感悟

1. 好的整理一定是系统、科学、可持续的。

2. 在建立自己的整理社群时，我用蜗牛作为这个整理社群的标志。寓意是，整理好的家居空间如同蜗牛的壳一样，是我们安心立命的舒适所在；随身背负着价值观、世界观、人生观、物我观等的我们，如同一生都背负着自己重重的壳的蜗牛，这些三观与价值也需要整理、取舍，因为这是我们和这个世界友好相处的基石。

3. 行动是唯一的途径。

4. 只有完成整理筛选流通，才不会收纳无用之物。

5. 整理既是体力活儿，也是脑力活儿，不可轻视准备阶段。

6. 物品盘点，这也许是你第一次意识到，自己以弱小之躯拥有（负载）如此多的物品。

7. 物品类别才是收纳系统的基础架构，而不是空间。

8. 物品附带信息越多，决定物品流通难度越大。从简单开始，就是开始整理那些附带信息少的物品。

9. 整理好自己是影响他人的唯一途径。

10. 没有流通的整理不算真正的整理。无论人生、生活、家居空间，唯有流通才不会变成一潭死水。很多人整理时发现自己保留大量物品仅仅是因为懒，从来没想过要去整理它们。

11. 用，不仅指使用，还指记得它们的存在。遗忘，对人、事、物的拥有者和被拥有者来说，都是最没意义的消耗。

12. 整理可能也是你这辈子审视自己、思考关于自己一切最频繁的阶段。

13. 整理遇到困惑、迷茫的时候，想一想你的整理原则。

14. 极简，寻找的是生命的另一种丰富。

15. 按照重要性递减原则，选择要留下的物品。

16. 我喜欢整理，是因为喜欢整理后自己的样子。

17. 提高决断力，治愈你的纠结。当你真正明白什么对你来说才是最重要、最贵的，无论时间、自由、生活、他人、兴趣、爱好、自我实现及生命价值，无须思考取舍，因为简单的生活会变成日常。

18. 从物品管理中学会认识和管理你自己。

19. 物品的光泽透露主人的气息。少而精而美，干净、整洁，独立摆放，散发光泽。

20. 放弃死角、堆叠、奇形异状，让收纳对自己更友好。

21. 集中以后，对物品的量、经常会做的事、做事流程都会了如指掌。

22. 大面积的统一带来和谐的美感。

23. 空间无须太满，人生无须太快。

24. 人生需要经营，经营需要规划。

25. 所谓个性定制，便是符合你的尺寸。完美吻合，不差分毫。

26. 掌握了尺寸，无论装修还是购买物品，都会很自信。

27. 分区决定不同人、物品的类别收纳。收纳时分类细分到不能再细分，辅助合适的工具，固定位置将不再是难事。

28. 收纳最后100米的冲刺利器是工具。

29. 人生最好的投资是自己，其次是工具。

30. 收纳关乎审美、逻辑、风水、工程等知识，细想真是。

31. 好的收纳，顺应人性、物性、自然之性。

32. 合适的工具便是完美的。

33. 整理之前，不知道自己的物品会保留多少，切记别着急买工具。

34. 居住空间的一切，都是为了体验美好。

35. 物品买回来，不需要、不影响使用的外包装都要去掉。对我们而言，真正需要的是包装里的“干货”，那才是需要我们保留的目标。

36. 空间要有所展示，更要有所隐藏。

37. 被爱惜的物品，散发不一样的光泽。

38. 关乎身体发肤、健康、运势、安身立命的物品，它们很好，你就很好。

39. 更好的你，塑造更好的属于你的世界。

40. 收拾时长你来定，最重要的是归位。

41. 过你能过最贵而精的生活，然后习惯它。

42. 生活需要点仪式感。

43. 少物、多时、自我、美好。

44. 2016年12月3日，我写下“量化、清晰、可控”三个词，作为那一年的年度关键词。一直到现在也是。

45. 无思考，无计划，勿整理；不记录，不整理，勿收纳。

46. 整理这件事，一开始就要努力想明白，想要什么样的居住空间，妄想到极致。然后只要保持目的，技巧就能为你所用。

47. 制定一套属于你自己的整理方法。

48. 要是问我为什么整理？想想找不到东西时抓狂的心情，还是整理吧！

48. 要给每一个物品固定位置真的非常难，尤其空间有限、尺寸不合理、物品很多的时候，经常一不小心堆叠堆积，原先设定好的位置总是会被其他物品侵占。但我最后还是尽量确保家里80%的物品有自己的固定位置。怎么做到的？不断减少固定空间里的量，直到合适为止。

49. 为了节省时间确保操作流程顺利，通常进行物品收纳时，我们会考虑行动路线，进而根据行动路线、高低频率等因素进行收纳。行动路线很重要，但考虑大致的合理路线就可以，如果过于琐碎，把物品收纳得七零八落，光是记物品的位置就会让行动路线不顺畅；而且也会有突发情况。如果物品收纳太过分散，它们像“长脚”了一样，收拾好了，不知不觉又到处乱跑。

如果你的房子没有庄园那么大，凑巧又想根治物品散乱的现象，不如用集中一点收纳法，同类物品归到一处，相似物品就近收纳。集中收纳后，行动路线就出来了，顺手和习惯成自然会让效率高起来。算下来，比起考虑琐碎的行动路线，物品到位更让人舒服。

50. 只要解决三个难题，整理就很顺畅了。一、以你为主的物品取舍标准；二、以你而不是客观存在的分类标准；三、以你为主的整理方法。

51. 反思、追问而有结果，看到、看见、看清而生信仰，整理时的心理状况大概是这样吧。

52. 测量一次，长久受益。有多少这种做过一次就可以解决很多问题的事情我们没有去做，或许这就是《搞定》这本书里所说的，要做重要而不紧急的事，才是搞定人生的开始。

53. 没有什么东西——有形的、无形的，是舍弃不了的；如果有，一定是时长不够。

54. 分手也是一种抵达。

55. 饿的时候，总以为自己能吃下一头牛。实际一碗普通的牛肉面就饱了。高估自己，不只是增加胃的负担。整理，就是要找到欲望如牛时那碗让你八分饱的面。

56. 长途跋涉，让我们痛苦和疲惫的，也许并不是高不可攀的高山，而是鞋里的沙子。行走日常，抖一抖琐碎之沙，脚底的平坦和轻快，便是诗和远方。

57. 如何折叠奇装异服，近藤麻理惠给的方法是：不要怕，多试几次就可以。整理过程绝不是一次到位，也是试错。这样叠不行，摊开来换一种；横着摆不行，拿出来竖着。多试几次，总能找到方法。总之，不要怕就对了。记得有学员说，听了这句话，抗拒少了，信心增加了。就是衣服整理错了房子也不会爆炸，一切安好，不要怕，多试几次。

58. 一家人合住，不仅衣柜需要明确划分各人的使用空间，房子的空间也需要明确划分。这是践行物品集中和分类的需要。即使是一家人，仍需不同程度的界限。人人都有一亩三分地；人人也都有整理好自己物品的义务。

不仅物品需要界限，如果工作与生活没有边界，劳作与休息没有边界，人际关系之间没有边界，不同年龄群体、信仰等没有边界是一件很可怕的事情。

在整理中，我一直强调家庭成员之间收纳空间要分开，这是一种边界。既在同一屋檐下，又各自独立。如果因为同一屋檐下区分个人空间会觉得疏远，那亟待整理的就是家庭关系，而不是物品了。

59. 少而精而美。但似乎也没想象中的那么贵。

60. 翻了翻日历，又使劲想了想，才发现真的没有什么可做的了，剩下的事都是下周要做的了。这种不忙、生活会有空隙的感觉很好，整理过，梳理过，终有一天，你的日子会变得像用了整瓶护发素一样柔顺。

61. 认真打扫厕所的女生，厕所女神会保佑。

62. 整理让一切变得系统，系统让人有一种俯瞰人生的感觉。以俯瞰的角度看多了，足以改变你的三观。

63. 锻炼认真对待物品的态度就像锻炼你的肌肉、力量一样，假以时日，这种态度一定会强壮起来的。这是认真对待身边人和事的基础。

64. 整理的意义不是别人或书上赋予的，而是你自己找寻、编织，然后像一个王，躺进自己的网里，华丽并极具自我标志。

65. 整理好自己是一切的基础。

66. 老子说，自知者明。阿波罗神庙有言：了解你自己。苏格拉底：认识你自己。

67. 适量而足够。

68. 所有的整理，和所有至善的行为终究都会回归到一个哲学主题：找寻你自己。这句话不是夸大，不是矫情，也不是故作深沉。首先你要想……你觉得……你感觉……你如何打算……实际的你会……你渴望……你认为……

找寻自己及找到自己才是一切整理、生活、规划的外框、骨架；其次才是往里填充血肉，方法、技巧、途径、内容、目标……当你觉得整理难，通常是因为你自己懒，不爱思考。

69. 别人的整理理念，你能学到并掌握、运用自如，自然好；如果实在不明白其中的奥妙，也无须烦恼。只是一家之言，学不会，也不会丧失整理，被整理抛弃。

向内寻求答案，问问自己，整理给你带来什么，你的物品取舍收纳标准是什么？

70. 我的朋友圈、公众号关注讨论整理的人早已换了一批又一批。我希望他们都已经找到和学会只需真正整理一次的方法，从而把更多的时间和精力赋予别的喜爱之事。

71. 时间重新计算，生活不断迭代，向真正美好之处出发。

72. 心绪心境不佳时，不如就从整理清扫开始吧！

73. 打扫真的是每天都需要做的事，一旦懈怠就会从水槽、椅子的堆积蔓延到全屋。为了提高效率，工具非常重要。

74. 保持干净整洁，勤奋很重要，但在埋头打扫前，可以先思考怎么从源头上减少打扫量和降低打扫难度。

75. 天气好的时候，衣物床品物品经过晾晒，整个空间都会弥漫生生不息的鲜活气息，让幸福感倍增。原本再普通不过，甚至有点让人厌烦的打扫，在阳光明媚的天气却很神奇地发酵出来自各路“神仙”的洗脑鸡汤味儿。打扫是个人行为，但要是稍微配合下外界的变化，反过来调节自己的状态，可能会有不一样的体验，意义也可以重新被定义。

76. 天气非常潮湿阴冷时，身体对外界环境变化感应非常灵敏，也跟着懒怠烦躁。自从开始整理，会一直关注自己的身体和内心状态，关心关怀它。以前似乎会强迫自己尽快调整状态，现在会认真留意身体的感受感觉，多休息或早睡早起，少看信息视频，安静坐着放空，或看下轻松愉快的书籍，让恢复体力和心力都尽量有足够的缓冲期。

77. 不单物品要保养，人也得保养。这保养不仅仅是使用各种护肤品，对身体机能、内在心绪等也要好好对待，使其处于张弛有度、温暖安宁的状态。

78. 无论物品还是房间，买来或者入住才是开始。

79. 家里的温度、湿度、周边环境会直接影响物品和人的状态。阴冷潮湿时，我整个人的状态也受到影响，不说健康，意志力、情绪、生命力都处于低值。居住在干净清爽的空

间里，也是为了给自己充电，让生命值尽量满格。给物品和人创造一个足够适量、适合身体需要的温度湿度、干净整洁的家，才是健康的最大保障，也是抵御外界冷暖变化时最好的“港湾”。

80. 如果每使用或替换一个新物品都能让你体会到孩童般的开心和快乐，那你的幸福真的会变得简单。就像村上春树说的那种小确幸，以前看不到，现在似乎比比皆是。

81. 想要做到物尽其用，其实要非常努力，这不仅因为我们每天对物品的消耗力并不大，增加这种努力的难度还在于今天我们购物渠道太便利，再加上各种促销节会激发我们的购买欲。物尽其用的体验就是既实用又浪漫，实用的是可以少买或不买来减少物品管理量，浪漫的是那种纯粹的开心。

82. 以前不太敢也没时间整理日记本。走哪儿搬哪儿，但硬是十几年没打开过。最近终于开始整理，因为这些日记，捡起了很多记忆，突然觉得生活非常连续了。

83. 为了需要而购物这件单纯的消费行为，早已经不是你一个人能做决定的事了。在各种广告冲刷中，你被动需要着而消费，也成为被消费的那一个。

84. 无论哪个整理流派，始终都在强调“人”，在这个“人”里，又非常强调“自我”。关注自我，专注自我，认识自我，完成自我整理是第一要务。这是从事整理工作这么久我一直在锻炼自己的地方，从自我出发，保持界限感。对别人保持界限，也自动屏蔽那些跨越界限的。

85. 界限感如果只是日常琐碎或整理习惯的体谅。比如，叠不叠衣服，还很容易最终做到，如果是价值观或生活方式等的冲突，往往会非常痛苦和煎熬。人与人之间的链接实在太根深蒂固了，想要把自己剥离出来，腾出一点自我，犹如血肉抽离。因为这个体会，慢慢读懂了山下英子的《断舍离》。

86. 工具好用与否决定做事的难度与体验。像我，一直以来都不喜欢打扫卫生，不过因为开始了解和使用各种对我来说非常好用的打扫工具，打扫这件事开始变得很有成就感。并不是我的打扫能力上升了，而是工具升级了。

87. 达到足够适量的状态是一种什么体验呢？简单、快速、便捷和重复。重复穿为数不多的衣服，重复用同一套物品，整个房间80%的物品都是超高频使用，每天都会看到、用到、接触到。

“相见”怎样才能两不厌？唯有喜欢。现在对购买少而精而美的物品有了新的理解：因为每天都会看到、用到、接触到，所以得喜欢、好用、耐看。这就跟人相处一样，每天对着同一个人怎样才会不烦？唯有喜欢，每一天都是欢喜的。

重复在一部分人看来就是无聊。如果站在局外的角度，我自己也觉得足够适量的状态很无聊。每天一睁眼，可见的几乎都是对以前日子的复制，没有新意和新鲜感。但是不足够适量而丰富新鲜并不是足够适量的另一面。不足够适量也可能无聊，归根结底在于人会不会乏味。

物品并不是生活的全部，自然也不能全盘决定生活的质量与品位。努力让重复不无聊，主要还是让自己成为一个不乏味的人，尤其独处时更应如此。就我自己的经验，物品少了以

后，唯一需要考虑的是如何更有质量地打发时间，不然会非常渴望再次用物品填满空虚与欲望。

更有质量地打发时间，就是做一些不乏味的事，成为一个哪怕每天重复同一套动作、内容也完全不会无聊和乏味的人。

88. 无论你希望拥有怎样的生活方式，最重要的是你认同。只有自己认同了，接受那种理念或价值观，做起来才能舒适自在。

89. 一切的学习到最后都只变成一种思维，就像道家所说的“道、法、器”中的道。刚入门的初学者如果直接执着于什么是整理，或者直接就参悟断舍离，在我看来好像并不太是好事。不如直接动手整理，亲身去感受下什么是整理，而不是想知道一个概念或定义而已。也许最后定义属于自己的整理也未必。

90. 只想保持足够适量的物品，是不是就意味着对物品没有执念，和物品的情感没有那么深的连接，是一个寡情淡漠之人？在于我，可能并不是。正因为物品已经足够适量，所以每一个物品都是必需的，而且是高频使用。换句话说，对每一个物品都会变得更加依赖。尤其是长期使用的物品，就像相处多年的身边人，互相都磨合过、已经习惯了习性，以及由此滋生出来的情感，“它们”就变成了“他们”。

91. 因为依赖和物品之间固有的行为思考模式，人就变成特定环境下才会正常运行的人了。即使如此，我也不愿意改变和物品建立长久关系、互相依赖的习惯。因为这种长久的依赖，让我感觉更温暖、柔软和有安全感。

这种感觉，其实和对人、宠物的感觉是一样的。大到浩瀚的宇宙小到陌生的城市，一个人赤条条来，总要建立属于自己熟悉的圈子，不管筑就这个熟悉圈子的是有生命的还是无生命的，最终都会变成自己的情感支撑和依赖，甚至是信仰，以此来对抗脆弱、低落、暴力、陌生、恐惧、孤独、虚无等诸如此类的人类情感，获得内心的安稳、宁静、温暖、柔软与坚韧。

92. 无论记录物品量还是自己的日常行为，都能从更高和全局甚至局外人的角度观察和审视自己。以前面对自己的不佳状态和怒火，只会像一头困兽在笼子里无助地瞎转，现在虽然依旧控制不了自己的情绪，却似乎有另外一个冷静的自己像局外人一样从高处看着自己，用清晰的声音告诉自己为什么会这样。

93. 用记录和量化来了解掌握我们的生活和了解自我，对我来说更简单，因为只需要记录并发现其中的规律，从中找到改善的方法。

94. 体验过美好的东西真的就不想再回去了，因为来自五官身体发肤的美好最真实也最能持续。并不是就过不得随便将就或过得糙之类的日子，但自己选择的美好既不是奢侈也不会耗费自己巨大的资源，更谈不上付出多少代价，都是在自己能力范围内，一定要满足自己，否则老了以后只会哀叹日子苦短。

95. 对每个人而言，好的生活都不一样。对我而言，好的生活真像那句话说的，没那么贵。发现这个真相并自信地相信，还真是花了不少时间。所幸现在自信地知道了。

96. 不是认可而是接受别人对自己生活做出的选择和过自己一生的方式。不管那个选择好坏，注意自己的界限和能力边界；而且要务是自己先过得快乐和幸福。

97. 如果没有接触整理，大概不会想到自己的生活方式会塑造成今天这个样子。是的，塑造。一切皆可重新塑造，哪怕已经成年了，可能所花时间会多一点，但还是可以重新塑造自我。

98. 今天也是践行足够适量生活的第932天（始于2016年8月17日）。从一开始的空旷、克制、别扭、不喜他人知道到现在对这种生活方式习以为常，舒适自在也坦然。

99. 整理，定义新生活。

100. 留下适量、必需、重要的物品，做重要的事，和重要的人持续稳定幸福地过充实的一生。

# 后记：写给即将开始整理的你

开始整理时，你可能有各种各样的困惑：我要把家里扔得空无一物吗？什么时候打扫最好呢？

非常喜欢极简，可是看见心动的好物又忍不住买了，有点罪恶感怎么办？

最好的整理就是最适合你自己的，而这一套最适合你自己的整理方法、风格是你自己不断模仿、思考、内化、完善得来的。

一个人最开始的整理过程大概有这么几个阶段：接触——小白——模仿，看多了，选择自己喜欢、适合的方法和风格来模仿。

一边整理，一边选择，一边开始问自己：我真正想要的理想生活是什么样的？

物品的整理收纳可能短时间内完成，但想要理想的生活却是一个不断完善的过程。

喜欢极简，那就精简、精致物品；喜欢空无一物，就把少而精的物品收进收纳空间，关上，保持台面无物；过了一阵，好像开始恋物了，就喜欢被心动物品包围，喜欢家里触手可及、视野之内都是满满的美物，那也不妨就这样顺从自己；工作时间需要果断、高效，又是另外一种整理。

最重要的是不给自己设限，也不要因为曾经标榜自己是某种主义、某个流派、崇尚某种方法而局限。年龄增长、阅历丰富后，心境改变，看待自己、世界、他人、物品的视角也会改变，也许从前的整理风格不再适合自己呢。

整理技巧、方法有限，而整理呈现的状态无限，正如一千个读者有一千个哈姆雷特。最好的整理一定是适合自己的，愉悦自己的。

保持干净、整洁、通透、有序，剩下的，照你的心意去整理吧！

## 舒安的影视剧推荐

1. 电影《怦然心动的人生整理魔法》

导演：佐藤东弥

编剧：渡边千穗/近藤麻理惠（原作）

主演：仲间由纪惠/夏菜/速水直道/倍赏美津子等

上映日期：2013-09-27（日本）

片长：91分钟

2. 日剧《我的家里空无一物》

导演：新井友香

编剧：新井友香

主演：夏帆/近藤公园/趣里/大久保聪美/青山爱依等

首播：2016-02-06（日本）

集数：6

单集片长：30分钟

3. 纪录片《临终整理笔记》

又名：《多桑的待办事项》（台）（*Ending Note*）

导演：砂田麻美

编剧：砂田麻美

主演：砂田知昭

类型：纪录片

上映日期：2011-10-01（日本）

片长：90分钟

4. 电影《厕所女神》

又名：《厕所之神》（*Toire no kamisama*）

导演：竹园元

编剧：旺季志/植村花菜

主演：北乃绮/岩下志麻/芦田爱菜/夏川结衣/小林稔侍等

上映日期：2011-01-05（日本）

片长：101分钟

5. 芬兰纪录片《我的物件/物品》

又名：《我的物件》（*My Stuff*）

导演：皮特里·卢凯宁

编剧：皮特里·卢凯宁

主演：皮特里·卢凯宁/海伦娜·萨里宁/朱霍·鲁凯宁等

制片国家/地区：芬兰

片长：83分钟

6. 《极简主义：记录生命中的重要事物》

原名：*Minimalism: A Documentary About the Important Things*（2015）

导演：马特·阿维拉

主演：丹·哈里斯/乔希·贝克尔/香农·怀特黑德/山姆·哈里斯等

制片国家/地区：美国

语言：英语

上映日期：2015-09-26

片长：79分钟

## 舒安的整理书单推荐

《怦然心动的人生整理魔法》
作者：（日）近藤麻理惠

《打造井井有条的家》《尺寸间的井井有条》
作者：（日）近藤典子

《亲子整理术》
作者：（日）辰巳渚

《断舍离》
作者：（日）山下英子

《整理的艺术》
作者：（日）小山龙之介

《我决定简单生活》
作者：（日）佐佐木典士

《极简术·奔向自由的50个断舍离》
作者：（日）四角大辅

《漫画老年家装》
作者：周燕珉

《小家，越住越大》
作者：逯薇

《100个基本》
作者：（日）松浦弥太郎

《佐藤可士和的超整理术》
作者：（日）佐藤可士和

《精要主义》
作者：（英）格雷戈·麦吉沃恩（GregMcKeown）

## 舒安的整理练习清单

整理认知升级part

**整理认知升级1 | 整理背后的人。**

思考：一个人为什么会因为整理而情绪波动？

我在整理中遇到过这样的情绪：________________

会有这样的情绪波动是因为：________________

“整理师说”

因为整理哭泣或触动的情绪波动，也许不是整理本身，而是整理背后的东西。

到底是什么物品／原因／心理触发了你的情绪，记下来，面对它们，不断追问，直到解决。

## 整理认知升级2 | 物品的本质

思考：你现在保留最久的物品是什么？留着是为了什么？

我保留最久的物品是：______________________________

留着是因为：______________________________________

我觉得物品的本质是：______________________________

“整理师说”

物品的本质是为人服务，一旦不能继续服务或你已不再需要和使用它，好好感谢它，然后流通。

## 整理认知升级3 | 空间的能量

思考：你认为整理、保持干净整洁的空间真的能带来好运吗？

__________________________________________________

__________________________________________________

“整理师说”

不管我们信不信，空间的确具有能量，是正能量还是负能量，则取决于空间的状态，还有背后的人。有序、整洁、美好的空间给个人或团体印象加分，当然具有正能量，也能带来好运。

### 整理认知升级4 | 消费的本质

思考：你因为什么购买一件物品？怎么看待透支消费？

______________________________________________

______________________________________________

“整理师说”

消费的本质是在我们当下力所能及的范围内，购买少而精而美的物品，提升我们的外在、内在及生活品质。购买时我们应该足够清醒，学会克制。

### 整理认知升级5 | 物品适量的点

思考：如果让你列一个最低需求物品清单，你觉得拥有哪些物品，以及这些物品需要多少量就足够了？

______________________________________________

______________________________________________

“整理师说”

改变思维：以人为中心，以当下的需求为出发点，逐步列一个最低需求物品清单，不断完善、更新、调整，最终找到你的物品适量点，甚至可延伸至人际关系圈、情感心理、一生要做的重要事项等。

**整理认知升级6 | 生活的方式**

思考：你认为适合自己的生活方式是怎样的？

______________________________________________

______________________________________________

“整理师说”

到了某个阶段，留下适量、必需、重要的物品，选择适合自己的生活方式，有助于我们重新审视日常、时间、思考、兴趣、爱好、自我、外界，重新解读生活与世界，找回人生主导权，并以适合自己的方式过一生。

**整理认知升级7 | 别人的生活方式**

思考：一旦选择了整理、简单或其他属于自己的生活方式，可以和爱人、家人和平相处吗？

______________________________________________

______________________________________________

“整理师说”

面对不同，以尊重为前提。君子和而不同，和身边人、亲密之人相处更是。不评判，保持界限，才是人与人之间最好的相处方式。

**整理认知升级8｜重要的一生**

思考：整理过后，你想拥有怎样对你而言重要的人生？

____________________________________________

____________________________________________

“整理师说”

留下适量、必需、重要的物品，做重要的事，和重要的人持续稳定幸福地度过重要的一生。

清单整理part

**清单整理1**

全屋拍照。

每天都在住的家，已经习惯了其中的状态，拍照完从照片里可以更好地审视家里的情况，发现、找到需要整理和解决的问题，同时也可以给自己的整理找到动力。

### 清单整理2

设想一下想要拥有怎样的家，以及如何过一天。

现在非常流行的两句话，一句是“你的家就是你的模样”，一句是“如何过一天，就是如何过一生”。虽然有点武断，但家居的长期状态和长期的生活方式的确就是一个人内在的折射和写照。想成为怎样的自己和如何过一生，不如从家的模样和一天的作息设想开始。

### 清单整理3

寻找自己心仪的家居图片，收集在相册里或打印出来，贴在可看见的地方。

不知道怎么整理或不知道想打造怎样的家居环境，可以从模仿开始，多看整理、家居图片分享，心仪的图片就收集起来，灵感自然就来了。

### 清单整理4

设想你的整理目标。

在一开始就不断设想你的整理目标，越具体越详细越好，这样就能在整理过程中不断找到灵感，无限靠近，也能不断找到适合自己的整理方法和收纳工具等，为自己所用。

**清单整理5**

处理无须集中即可流通的物品。

物品整理集中前，先把垃圾、无用物品流通完，减少整理量。

**清单整理6**

对流通的物品类别、数量进行记录，也可以简单想想物品流通的原因，估算一下它们的价值。

**清单整理7**

家庭基本信息收集，制成表格。

**清单整理8**

制订整理长期计划时间表和短期计划表。

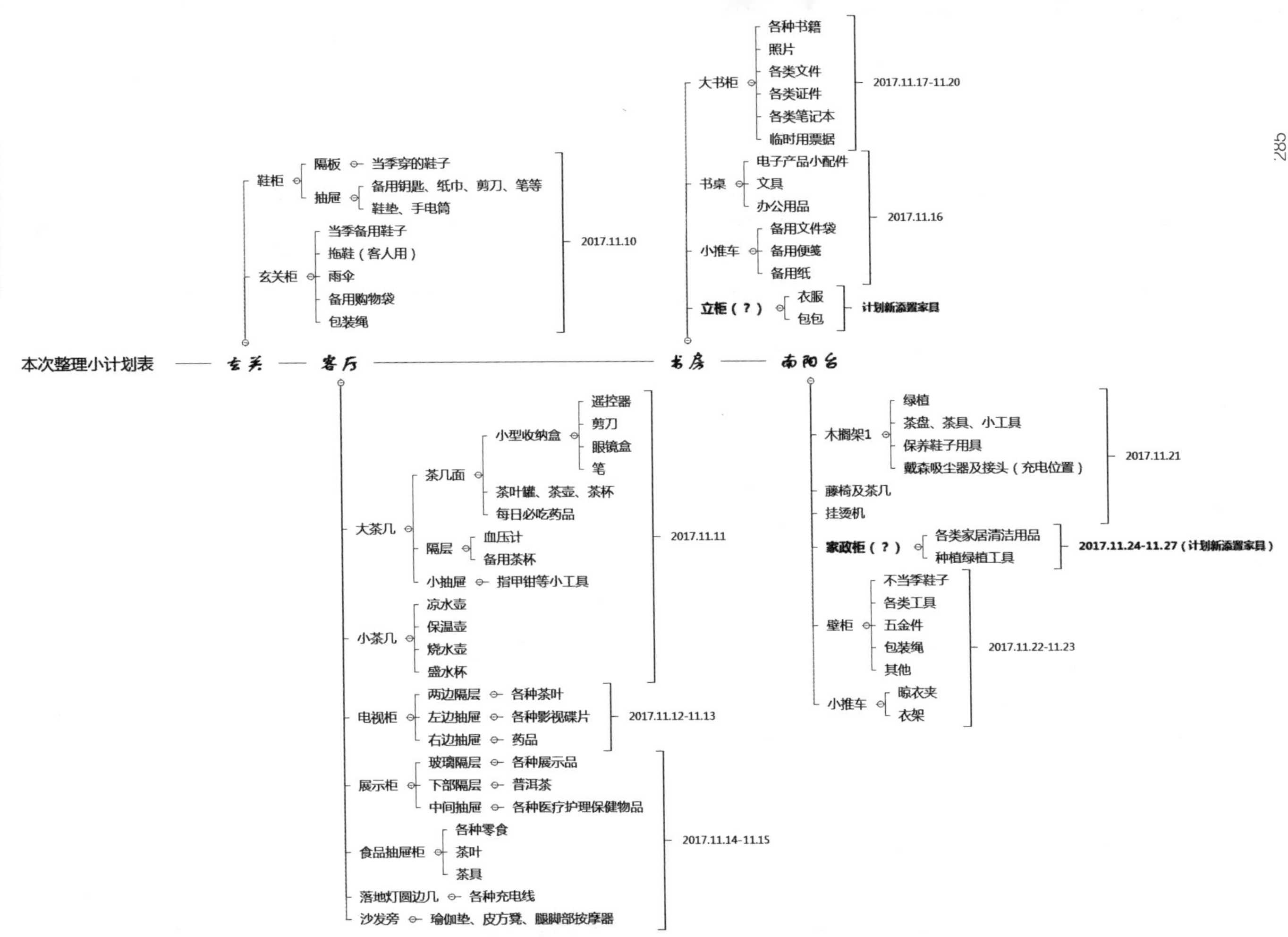
本次整理小计划表
玄关
鞋柜
隔板
当季穿的鞋子
抽屉
备用钥匙、纸巾、剪刀、笔等
鞋垫、手电筒
玄关柜
当季备用鞋子
拖鞋（客人用）
雨伞
备用购物袋
包装绳
2017.11.10
客厅
大茶几
茶几面
小型收纳盒
遥控器
剪刀
眼镜盒
笔
茶叶罐、茶壶、茶杯
每日必吃药品
隔层
血压计
备用茶杯
小抽屉
指甲钳等小工具
小茶几
凉水壶
保温壶
烧水壶
盛水杯
2017.11.11
电视柜
两边隔层
各种茶叶
左边抽屉
各种影视碟片
右边抽屉
药品
2017.11.12-11.13
展示柜
玻璃隔层
各种展示品
下部隔层
普洱茶
中间抽屉
各种医疗护理保健物品
食品抽屉柜
各种零食
茶叶
茶具
落地灯圆边几
各种充电线
沙发旁
瑜伽垫、皮方凳、腿脚部按摩器
2017.11.14-11.15
书房
大书柜
各种书籍
照片
各类文件
各类证件
各类笔记本
临时用票据
2017.11.17-11.20
书桌
电子产品小配件
文具
办公用品
小推车
备用文件袋
备用便笺
备用纸
2017.11.16
立柜（？）
衣服
包包
计划新添置家具
南阳台
木搁架1
绿植
茶盘、茶具、小工具
保养鞋子用具
戴森吸尘器及接头（充电位置）
藤椅及茶几
挂烫机
2017.11.21
家政柜（？）
各类家居清洁用品
种植绿植工具
2017.11.24-11.27（计划新添置家具）
壁柜
不当季鞋子
各类工具
五金件
包装绳
其他
小推车
晾衣夹
衣架
2017.11.22-11.23

清单整理9

按照难易程度给自己的物品整理排序。

清单整理10

建立家里的尺寸数据库。

清单整理11

做好整理工具准备。

清单整理12

按照物品类别制订阶段整理计划表，包含整理时间安排和整理顺序。

清单整理13

衣橱整理（包括配饰、鞋子、包包、帽子、周边小件）。

清单整理14

厨房整理/冰箱整理。

清单整理15

小物品整理。

清单整理16

电子资料整理。

**清单整理17**

安身立命之物整理。

**清单整理18**

建立属于自己的物品清单。

**清单整理19**

尝试列一份最低需求物品清单。

**清单整理20**

假想一份人生重要事项清单。